中青年经济学家文库

我国农业产业生态福利水平测度及提升策略研究

——以湖北省为例

刘应元　著

中国财经出版传媒集团
经济科学出版社
Economic Science Press

图书在版编目（CIP）数据

我国农业产业生态福利水平测度及提升策略研究：以湖北省为例/刘应元著.—北京：经济科学出版社，2018.3

ISBN 978-7-5141-9177-6

Ⅰ.①我… Ⅱ.①刘… Ⅲ.①农村生态环境-环境保护-研究-湖北 Ⅳ.①X322.263

中国版本图书馆CIP数据核字（2018）第065404号

责任编辑：刘 莎
责任校对：杨 海
责任印制：邱 天

我国农业产业生态福利水平测度及提升策略研究
——以湖北省为例
刘应元 著
经济科学出版社出版、发行 新华书店经销
社址：北京市海淀区阜成路甲28号 邮编：100142
总编部电话：010-88191217 发行部电话：010-88191522
网址：www.esp.com.cn
电子邮件：esp@esp.com.cn
天猫网店：经济科学出版社旗舰店
网址：http://jjkxcbs.tmall.com
北京密兴印刷有限公司印装
710×1000 16开 10.75印张 210000字
2018年3月第1版 2018年3月第1次印刷
ISBN 978-7-5141-9177-6 定价：39.00元
（图书出现印装问题，本社负责调换。电话：010-88191510）

序

党的十九大报告提出实施乡村振兴战略，旨在实现“农村稳天下安，农业兴基础牢，农民富国家盛”的愿景。乡村振兴战略为今后农业农村农民发展指明了方向与目标。十九大报告对乡村振兴战略提出了“产业兴旺、生态宜居、乡风文明、治理有效、生活富裕”的总要求，其中生态宜居就是要加强农村资源环境保护，大力改善水电路气房讯等基础设施，统筹山水林田湖草保护建设，保护好绿水青山和清新清净的田园风光。本书作者刘应元对农业产业生态福利水平测度及提升策略的研究对实现乡村振兴具有重要的现实意义。

作者通过深入调查、分析和归纳总结，首先对湖北省农业产业生态福利水平变化趋势用科学指标进行测度，得出湖北省农业产业生态福利水平呈现下滑的趋势，在总水平研究的基础上对湖北省农业产业发展的生态福利水平进行阶段性波动特征研究，明确划分了变化阶段，归纳总结出各阶段的特征；其次，针对湖北省农业产业生态福利水平变化状况，对影响湖北省农业产业生态福利水平的因素进行了研究，发现农户的生产生活方式及农业自然生态环境是影响湖北省农业产业生态福利的重要因素。湖北省农业产业生态福利水平一般，有较大提升空间；再其次，为了实现湖北省农业产业生态福利改善目标，必须明确责任主体，对农业产业生态目标实现过程中的利益主体博弈行为特征进行了分析，提出农业产业生态福利相关利益主体的利益诉求存在差异，农业产业生态福利目标难以实现的观点；最后作者提出了如下对策及建议：加强政府法规体系、组织管理机制、社会参与机制、资金投入机制、信息网络建设机制的建立与完善的政策建议。同时，提出了调控农资供应市场，建立生态农业补偿机制；制定农业环境相关标准，加强生态农产品管理；鼓励生态农业技术创新，开发农业环保技术等未来政策趋向。

本书以事实为依据，利用先进的研究工具，研究问题深入全面，提出的对策建议非常有利于当前农业可持续发展中生态文明重大问题的解决，对实现乡村振兴战略的实施具有重要的指导意义。

廖良美

2017年12月15日

前　　言

长期以来，我国在关注工业环境保护和城市环境问题的同时却忽略了农村生态环境保护，学术界也没有将农村生态环境保护列为重要的研究对象。作为世界上人口最多和以农业人口为主体的中国，保护农村生态环境，促进农业资源的合理开发和高效利用，既是建设节约型农业的重要组成部分，也是解决“三农”问题和实现农业可持续发展的重大举措，对国民经济持续健康发展和国家安全具有重要作用。而要推动农业的可持续发展，必须重视农业的生态效益，实现农业更快更好地发展。本研究就湖北省现代农业产业发展现状（基于生态视角）、农业产业生态福利的测度与模糊评价以及农业产业生态福利实现过程中各利益主体博弈行为及特征进行了全面的统计与测度分析，较为全面地了解了湖北省农业产业发展的生态福利现状、发展趋势以及发展潜力，并且在全面系统了解湖北省农业产业发展生态效率及产业可持续发展现状的基础上，最终提出了全面提升湖北省农业产业生态福利水平的策略。主要研究工作及结论如下：

1. 湖北省农业产业生态福利指数呈现持续下降趋势，农业产业可持续发展遇到瓶颈

第一，1990～2011 年湖北省农业人口发展指数、农业人口的人均生态足迹与农业经济发展同步增长。第二，农业产业发展的生态福利指数呈现波动变化，总体呈现下降趋势，且在 2000 年达到农业产业生态福利的峰值 1.9773，本书将湖北省农业发展生态福利的演变划分为五个阶段：第一阶段（1990～1993年），湖北省农业产业生态福利指数呈现逐渐下降趋势；第二阶段（1993～1994年），农业产业发展的生态福利指数上升；第三阶段（1994～1998年），湖北省农业产业发展的生态福利指数呈现微弱波动下降趋势；第四阶段（1998～2000年），湖北省农业产业发展的生态福利指数反弹，并快速增加达到生态福利指数峰值；第五阶段（2000～2011年），湖北省农业产业发展生态福利指数在微弱波动中呈现快速下降趋势。尽管湖北省农业产业发展的生态福利水平不断提高，但是由于农业产业的生态资源负荷的增长远远超过了生态福利的增长幅度，引致农业产业生态福利指数的波动下滑。第三，1990～2011年湖北省农业产业发展的演变可以划分为三个阶段，经历了由可持续性减弱到增强再到减弱的变化。第四，1990～2011年，湖北省农业人口发展指数与农业人均产值呈现同时增加的趋势，但是随着农业人均产值的迅速增长，农业人口发展指数增长趋势逐步放缓。随着湖北省农业经济的快速发展，农业经济增长带来的经济福利和生态福利门槛还未到达。但是增速放慢，意味着在向门槛值靠近。换句话说，湖北省近20年的农业发展模式已经不适应当前生态需求日盛的形势，农业经济增长的生态福利门槛将很快到达。

2. 农户的生产生活方式及农业自然生态环境是影响湖北省农业产业生态福利的重要因素，湖北省农业产业生态福利水平一般，有较大提升空间

一是当前农业产业生态福利微观视角的测度或评价主要由农户生产方式影响维度、农户生活方式影响维度、农业自然生态环境影响维度三块主要内容组成，这其中各因子的方差贡献率依次为：农户生产方式影响占比为23.42%；农户生活方式影响因子占比为16.73%；农业自然生态环境影响因子占比为14.36%。三因子累计比例达到了54.51%。二是利用农户调研数据，基于模糊综合评价结果表明当前农业产业发展方式下的生态福利水平仍有较大改善空间，福利测度结果仅为71.38，参照有关标准认定评价情况“一般”。三是基于实证分析结果给予的政策含义包括：①加强认识，注重舆论力量，切实加快农业增长方式的转变；②关注农业生产实际，引导农民生产种植习惯，普及亲环境的农业生产技术和组织方式；③加强农村生态文明建设，提高居民环保意识，积极营造良好的村庄环境；④重视农村生态环境保护，改善水土质量，加大环境污染惩治力度，构建和谐美好的外部环境。

3. 农业产业生态福利相关利益主体的利益诉求存在差异，农业产业生态福利目标难以实现

就农业产业生态目标实现过程中的利益主体博弈行为特征展开分析，研究分析表明中央政府、地方政府和农业产业经营者在农业产业生态目标实现过程中的利益诉求并不一致，再加上中央政府与地方政府间、地方政府与农业产业经营者间、中央政府与农业产业经营者间存在明显的信息不对称问题，导致农业产业生态目标的实现受到了利益主体行为的制约。通过构建三方主体的博弈分析模型和最终求解，获得如下政策启示：一方面，各利益主体在农业产业生态目标的实现过程中有着共同的利益诉求，能形成一个合作共赢的局面，因此各利益主体需要持续供给努力；另一方面，在理论上可以预见，当中央政府、地方政府和农业产业经营者在农业产业生态目标实现过程中的努力投入显著异于零时，农业产业生态福利水平的目标能够得以实现，各方都能达成自身的利益诉求。

本书的最后提出了加强政府法规体系、组织管理机制、社会参与机制、资金投入机制、信息网络建设机制的建立与完善的政策建议。同时，提出了调控农资供应市场，建立生态农业补偿机制；制定农业环境相关标准，加强生态农产品管理；鼓励生态农业技术创新，开发农业环保技术等未来政策趋向。

本书的主要创新点为：

（1）研究视角上具有一定的新意。已有的关于福利的研究大多侧重于经济福利和社会福利，对生态福利的研究较少；已有的关于农业产业的研究大多侧重于农业产业的发展现状、问题、对策、模式、效益等方面，对产业福利的研究很少。笔者提出了农业产业的生态福利问题，这既是对福利研究的补充，也是对农业产业研究的扩展，具有一定的创新性。

（2）研究方法应用上具有一定的新意。关于生态福利测度的研究，已有的研究大多集中在宏观层面上，从环境的角度出发分析生态效益。本研究扩展了已有的研究路径，分别从宏观层面、微观层面进行生态福利测度的定量研究，并尝试构建三方动态博弈来分析农业产业生态主体的福利状况。

（3）研究内容具有一定的新意，且取得了一些有价值的结论。根据课题研究内容，展开了微观层面与宏观层面生态福利的实证研究，主要在两个方面取得了一些有价值的结论：一是湖北省农业产业生态福利指数呈现持续下降趋势，农业产业可持续发展遇到瓶颈；二是农户的生产生活方式及农业自然生态环境是影响湖北省农业产业生态福利的重要因素，湖北省农业产业生态福利水平一般，有较大提升空间。

目　　录

第 *1* 章

农业产业与福利经济理论

农业产业生态福利涉及三个方面的内涵：一是农业发展理论，即农业的发展过程中应注重生态资源的保护；二是经济增长理论，即经济增长的同时重视生态效益；三是社会福利理论，即衡量社会福利时应重视生态指标的贡献。

1.1 农业产业发展层面

1.2.1 农业可持续发展理论

1. 内涵

农业可持续发展是可持续发展理念在农业领域的延伸与拓展，是全新的、科学的农村及农业发展观，始于20世纪80年代后期联合国粮农组织（FAO）的“持续农业与农村发展”概念。联合国粮农组织（FAO）在荷兰召开的农业与环境国际会议上对“持续农业与农村发展”（SARD）概念进行了界定，阐述为“采取某种使用和维护自然资源的基础方式，以及实行技术变革和机制变革，以确保当代人类及其后代对农产品需求得到满足”。

伴随着现代农业产业的发展，农业可持续发展的概念与内涵日趋丰富，主要表现在以下四个方面：

首先，强调农业产业发展的持续性、高效性、协调性和公平性。一是持续性。持续性强调的是农业与农村发展的可持续性，重点指出农业与农村的发展应该具备长远的发展观点，不能以一时的经济目标为目的，而应注重发展的长期性和长远性，追求可持续性；二是高效性。高效性强调的是农业和农村发展的高质量，重点指出农业与农村的发展在追求量的增加的同时，更应该追求质的提高，要运用现代农业生产技术，促进农业产业的高产、优质、高效、低耗发展；三是协调性。协调性强调的是综合效益的提高，即农业与农村的发展应符合"资源节约型、环境友好型"的发展道路，追求发展的同时注重环境的保护和资源的节约，实现经济效益和生态效益的双赢；四是公平性。公平性强调的是发展的平等性，这里的平等主要是指代际之间的平等和代内之间的平等，即一方面不能牺牲后代人的发展需要来促进当代的发展；另一方面当代的发展要符合地区间的平衡，应特别注意自然资源的合理利用，不能以牺牲环境为代价来促进发展。

其次，强调农业发展的良性循环。农业要实现可持续发展必须构建和完善以物质流与能量流内部闭合循环的良性生态系统，能够以较小的资源消耗获取较大的价值增值，即追求以最小的资源投入获得最大的生产能力。农业系统的生态平衡是实现农业可持续发展的基本要求，系统内能量流和物质流符合可持续的原则；要求农业的生产应符合当地实际，根据实际的生产资源情况合理地调整农业结构，提高资源的利用效率，同时做到因地制宜，适时发展；要求农业的发展应充分发挥农业系统内部的功能，最小化外部投入来促进农业经济的发展，即农业的发展应充分利用的农业生物的生态补偿功能、食物链关系、还原能力等生物能力，推动农业系统的整体发展。农业生态系统既是一个生态经济系统，也是一个经济生产系统。农业的生产受到多个层面的影响，主要包括生态的影响、经济的影响、社会的影响等。

再其次，以"农业、农民与农村"发展问题为核心。农业方面，没有持续的农业发展，就没有持续的工业发展，更没有持续的服务业发展，农村第二产业和第三产业的发展是以农业持续发展为资源基础，为二、三产业的发展提供丰富的原料和生产资料；农民方面，没有农民的持续小康，就没有全国人民的小康富裕，也没有全中国的小康社会，只有农民的经济生活提高了，才能更好地提高农民的生产经济性，充分发挥农民的主动性、创造性和创新性，才能更好地推动小康社会的建设与发展；农村方面，农村经济社会的全面持续繁荣是国家经济社会全面发展的基础，农村聚集了我国大部分人口，只有农村繁荣了，农民的经济生活水平提高了，才能提高农民的消费水平，促进农村市场、城市市场的繁荣，才能不断地提高和开发新的生产力，推动经济的持续健康发展。

最后，可持续发展的最终目标是实现经济效益、社会效益和生态效益的统一。农业生产是一种经济再生产和自然再生产的统一，生产过程需要消耗大量的自然资源，对生态环境和自然条件有很大的依赖。农业的可持续发展以实现资源的高效利用及物质流、能量流的循环利用，不能以牺牲资源和环境为代价来获取生产经济的发展，要处理好人与自然的关系，在追求经济效益的同时，提高环境生态效益，同时要保证一定的社会效益。

2. 农业可持续发展理论

近年来，随着集约化农业的推进，农业立体环境问题日趋严重，农业可持续发展面临新的课题，关于农业可持续发展的内涵，不同的学者从不同的角度进行了思考与分析，主要有以下几点：

（1）自然属性视角。可持续发展的自然属性定义强调资源的适度、合理开发与高效利用。1991 年，关于可持续发展问题的讨论会的召开，明确了其自然属性及内涵，即可持续发展是“保护和加强环境系统的生产力和更新能力”，是不超越环境系统再生能力的发展。

（2）社会属性视角。侧重与强调人类的生存与生态系统的承受力。1991 年，《保护地球：可持续生存战略》一文清晰界定了其社会属性定义，也即“在生存于不超出维持生态系统承载能力的情况下，改善人类的生活质量”，认为可持续发展应保持地球生态承载力的平衡，应保护地球生物的多样性，应注重人类生活环境的优化，提高民众生活质量。

（3）经济属性定视角。侧重与强调农村经济发展。巴比尔（Barbier）研究指出可持续发展是“在保护自然资源质量和其所提供服务的前提下，使经济发展的净利益增加到最大限度”；经济属性的可持续发展强调的是经济总量的增长，主要观点是“自然资本”的存量是无限的，人类社会的发展应努力促进经济总量增长。

（4）科技属性视角。科技属性视角的可持续发展强调科技进步对发展的作用。发展受到管理水平和政策等方面的影响，同时也受到科技水平的影响，科技水平越高，经济发展速度越快，发展的可持续性越强。

综上可知，农业可持续发展的概念具有系统性与复杂性，要深入了解各个层面，全面把握其内涵。首先，可持续发展是涉及代内与代际的综合概念，可持续发展既关注代内平衡的可持续发展，也要关注代际公平的可持续发展；其次，可持续发展的概念具有系统性与综合性，既要求生态的良性发展，也强调经济和社会的可持续性，其追求的是生态资源的高效利用，经济社会发展的全面协调及持续健康。

1.2.2 农业系统理论

系统是一个有机整体，是指由多个相互联系的事物构成的一个整体。系统科学认为农业包含生物、资源、经济和技术四个层面，是由四个要素相互联系和作用进而形成的一个有机整体。在农业系统中，农业内部各个子系统相互作用进而协调发展，农业外部各个相关系统相互补充进而共同发展。农业经济系统运行的基础是农业生产系统，农业经济系统的运行和地区环境有着很大的联系，不同地区不同环境孕育着不同的经济系统，具体涉及农业系统，就是不同环境下的农业系统是不同的，有着地区差别，所以不同的自然环境条件决定了系统要素的差异性。

农业系统自身内部、外部存在较大差异，且存在复合系统。农业内部系统指农业内部的物质通过绿色植物吸收与转化太阳能形成负熵，从而形成农业生产过程。农业系统的外部系统是指农业的生产发展除了自身的生物机能外，还要与外部世界发生联系，农业与生态、资源、环境等发生协同作用，构成具有区域特点的产业经济结构，进而推进产业的持续健康发展。农业复合系统是指由自然生态系统与社会经济系统相互协同而组成的发展系统，其中，自然生态系统是农业的基础系统，主要包括空气、水、土壤等自然资源和生物要素等，是农业发展系统的基础；社会经济系统属于农业主体系统，主要受到生产者、政策、市场等社会经济要素的影响，是农业发展系统的动力。农业系统理论内涵丰富，涉及以下内容：

（1）强调农业系统自身发展。系统本身的发展就是要求农业生产布局等应建立在区域资源禀赋的基础上，依据区域资源禀赋，科学合理地利用资源，形成具有区域特色的产业结构，达到农业系统的内部平衡。

（2）重视农业系统内部与外部的平衡。农业生产是自然再生产与经济再生产的统一，农业生产的发展除了考虑自然资源等条件之外，还应重点考虑农业的社会经济条件，具体表现在农业产品的价值实现等。

1.2.3　农业生态系统理论

农业生态系统是指区域内农业生产者运用各种农业生物从事农业生产，实现物质流与能量流的闭合循环，以人工控制和调节为手段，构建而成的农业生产体系。但同时，农业生态系统也有着自身的特点，主要表现在以下几个方面：

（1）目的性。农业生态系统的本质就是要维持生态系统的平衡，进而持续地提供丰富的农产品，所以说农业生态系统本身便蕴含了高度的目标性，即维持农业的可持续发展，更好地为人类生活服务。

（2）开放性。农业生态系统具有开放性，但同时其也需要外部环境的支撑，实现外部能量的内部化，向产业补充能量，因此其也具有半自然特性。

（3）高效性。农业生态系统中人类通过选良种、除草、施肥等活动，追求经济增长，为农业生产创造良好的环境，发展高产、优质、高效的农产品，具有高效的特点。

（4）易变性。农业生态系统的生产是根据市场的变化而变化的，当国家政策改变或者是市场需求发生变化时，农业生产便要进行相应的调整，生产适销对路的产品，所以说农业生态系统的生产具有易变性。

（5）脆弱性。农业生态系统是一个复杂的系统，主要由农田、森林、草地和水生物等群落构成，各种生物群落的多样性是农业生态系统稳定的保证，但是由于人类的过度开发与不合理利用，导致生物多样性呈现日趋减少的态势，系统的自我调节功能减弱，进一步加剧了生态系统的脆弱性。

（6）依赖性。农业生态系统并不是孤立存在的，而是受到人类的影响，人类合理科学的生产活动有利于农业生态系统的平衡稳定，人类乱砍滥伐等不合理的生产活动则会破坏农业生态的平衡稳定，所以说，人类生产活动严重影响农业生态系统。

综上可知，农业生态系统强调生态资源的合理利用，追求生态资源的高效利用和可持续利用，所以，农业产业的发展必须重视农业生态系统的良性循环。

1.2 经济增长方面

1.2.1 生态经济理论

随着经济的不断发展，越来越多的学者对生态经济学科及其一系列问题展开了系统研究，生态经济学科逐步发展成为一门综合性的学科门类。其发展速度很快，仅仅在十几年的时间里，就引起了世界许多国家、科研机构的高度重视。生态经济学之所以引起如此程度的重视，主要原因是其涉及的问题关系到全人类赖以生存的自然环境、全球的经济发展和人类本身的健康。

之所以说生态经济学是一门边缘学科，主要是因为其综合了两门学科的知识——生态学和经济学。因此，其研究的对象也是生态系统和经济系统的综合体，也就是生态经济系统。生态经济学的研究内容主要是两个系统彼此之间的联系，而不是单独地研究两个独立的系统或者两个系统的简单叠加后形成的新系统。经济系统和生态系统彼此间有着各种各样的联系，但最主要的也是最根本的联系还是在于两个系统之间有着物质和能量的交换和循环。这种物质和能量的交换和循环是建立在另外的一个系统之上的，我们可以理解为“中间系统”，这个系统包括了各种各样的技术来支撑生态系统和经济系统之间的物质和能量的转变和循环，在生态经济学里这个系统被称为技术系统。总的来说，对生态、经济和技术三大系统共同构成的综合性系统的构架、功用、特性等方面的研究构成了生态经济学研究的主要内容。

在理论研究方面，生态经济学侧重于研究所有生态经济系统所共有的功能、结构、特性和内在规律性及其外在表现形式。生态经济系统可以划分为三个子系统，每一个子系统又可细分为两个子系统，细分出来的每个子系统中包含了成分因子（因素）。许多综合问题的解决都需要生态经济学理论作指导，在研究上述问题时，以系统论为基础，使问题中涉及的具体事物的具体特征和差别模糊化，从横向层面来探讨具体事物的特征和彼此间的内在关系，这种全新的方法能广泛应用与解决现实中的许多复杂问题。

对生态系统和经济系统内在规律性联系的研究目的主要是寻求经济系统和生态系统之间的可持续发展，形成两个系统间物质和能量的良性循环。经济的发展是建立在生态系统的基础之上的，为了实现两个系统之间的可持续发展。一方面，在经济发展的过程中，要求人们合理、科学、高效地开发和利用生态环境中的各种资源，在满足经济发展的同时，保证生态环境不受到破坏，将对生态环境中资源的开发和利用控制在生态环境可承受的最大范围内，确保生态系统内部的动态平衡；另一方面，在生态环境保护过程中，保护生态环境和发展经济要同步进行，不能顾此失彼，切忌先开发后治理或者完全偏向于保护环境而使得经济发展停滞不前，可考虑对生态环境作进一步开发，提高生态环境能够承受经济发展所带来的压力的最大限值，保障经济的持续健康发展。经济发展依赖于生态环境，必须同时兼顾。经济的发展在遵循经济系统本身的规律的同时，还要遵守生态规律，两者应当是互相促进、互相依赖的关系，而不是一方的发展是建立在牺牲另一方的基础上。生态环境的保护和经济的发展应齐头并进，经济发展水平越高，越应当注重对生态环境的保护，对经济发展过程中出现的偏离，即两个系统之间发展的不协调问题，要及时进行合理的调整，实现经济社会发展与生态环境的协同进步。人类社会发展依赖于一定的生态系统环境，没有生态系统向人类社会提供各种资源，人类社会的发展就无从谈起。良好的生态系统能够为人类社会提供源源不断的资源，为经济的发展打下坚实的物质基础。在经济发展到了一定的水平后，又能通过先进的技术来保护生态环境，解决生态环境中存在的各种污染和破坏问题，实现两者互利共赢式的发展。农业作为经济社会发展中的一个重要方面，同样需要遵循生态经济学的相关原则，在发展现代农业的同时，也要注重对生态环境的保护，注重对资源的科学、合理、高效的利用。农业的发展也可看作是两个系统的发展，一个是经济系统，一个是生态系统。倘若只注重生态系统的保护和发展，作为经济系统主体的农民就无法获得经济收益，会严重影响他们的生产积极性，导致农业发展长期落后，农民为了维持生计，采取了以生态换发展的粗放型的发展方式，最终破坏农业和生态系统的协同平衡发展局面；若一味地追求农业经济效益，忽略生态效益，在短期内可能会出现经济效益的增长，但从长期来看，经济效益和生态效益都会逐步降低，影响农业的健康发展。因此，经济的发展需要生态的支撑；同样，生态的建设和保护也离不开经济的发展，两者可以说是互为前提和基础，不能分离。

现代农业的发展在很大程度上依赖于生态环境，农业的生产过程可以看做是一个开放的生态经济系统，农业生产的投入和产出之间的内在联系要合理把握，为了实现农业的高产出、高效益，就要将农业生产、经济发展和生态三者紧密结合起来。在生态经济学研究中，最能体现出经济发展和生态之间的根本矛盾的典型代表就是农业。由于农业的发展主要以生态系统为基础，因而生态系统功能和结构的完整与否关系到农业能否最终实现可持续发展。

这也为人们促进农业的健康发展提供了理论依据，在发展农业的过程中，要以生态经济学理论为基础，全面深入分析与探讨农业生态经济系统及其各子系统的特征和彼此间的内在联系及其与生态系统的关系，因地制宜地开发土地资源，达到物尽其用的目的。但在现实中，人们在发展农业的过程中，往往只注重经济目标的实现，对于其他目标，如生态环境保护等，基本上是完全忽略。从生态经济学角度来分析，这种一味追求高产量、高效益，以牺牲生态环境为手段的发展方式是不可取的，生态环境的破坏只会加剧农业所处的自然环境的恶化，会严重影响农业的产出，这也是农业生产的高风险和脆弱性的根本原因。为了实现农业的可持续发展，只有调整现有的发展策略，把农业发展和生态建设结合起来，才能实现在农业可持续发展的同时合理地保护生态环境这一双重目标。生态经济学为农业的可持续发展提供了理论支持，提出农业的可持续发展要注重生态经济的发展，在实现农业经济效益最大化的同时，也要实现生态效益的最大化，通过不断的实践来寻找农业经济发展和生态发展的最佳平衡点，达到农业生产效益和生态效益的双赢。

1.2.2 循环经济理论

1. 发展阶段

循环经济，是物质流动与资源循环经济的简称，是可持续发展的一种重要措施和发展方式。它起源于20世纪60年代的环境保护运动。1966年，美国经济学家鲍丁斯（Bouldings）从宇宙飞船中获得灵感，发现了“经济过程是问题思考的基础环境”，基于此，“宇宙飞船经济理论”诞生了。他的观点是：我们身处的环境就好比运行于空中的飞船，要是人类和过去一样，过度地开采和破坏环境，就会让我们如同宇宙飞船一样步入绝境。所以，这种经济理论的核心是淘汰过时的“单程式经济”，发展新的“循环式经济”。可由于当时全球关注的焦点都集中于污染物方面的治理，所以“宇宙飞船经济理论”没有得到足够的重视。

20世纪80年代至今，大众的观点从“排放废物”变为“净化废物”，又从“净化废物”到“利用废物”的两阶段过程中，对根本性的问题“污染物的生成是不是合理的”，以及在污染物的防治上，要不要从生产和消费源头着手，在思想认识与政策措施上全球大部分国家和地区依然没有采取措施；在1990年，著名的英国环境经济学家皮尔斯（Pearce）和特纳姆（Turnerm），在一本叫*Economics of Natures and the Environment*的书中，第一次使用了“Circular Economy”的概念，基于资源管理的视角着重研究了物质循环利用中所存在的问题；步入20世纪90年代，尤其在1992年，顺利召开了联合国环境和发展大会以及《21世纪议程》的提出，在可持续发展问题上，全球达到普遍共识。由此，世界各国对资源环境逐步恶化的根源认识得愈来愈透彻。工业化以来，西方发达国家对线性经济模式（特征为高开采、高消费、高排放、低利用）的产生源头越来越重视并加以治理。基于理论总结和以探索为方向，世界各国逐渐抓住了资源利用最大化、污染排放最小化这条主线，慢慢地形成了一套生态工业、生态设计、资源综合利用、可持续消费和清洁生产等为系统的发展循环经济理论。

2. 基本内涵

虽然存在各类不同的说法，可本质上却是一样的：①循环经济的基本原理：生态经济学原理；②循环经济的落实途径：调整经济发展的方式，也就是从单向型物质流转变为循环型物质流；③循环经济的最终目标：全体社会在经济生产的各个步骤达到减量化、无害化和资源化（循环利用）的目标。在 2005 年，吴玉萍高度总结循环经济的内涵：在社会生产以及再生产的过程中，实现循环经济的最终目标，达到经济的高效发展。也就是，遵循循环经济的终极意图，基于物流的管理手段，以科技、市场机制和行政方式为手段，对生产与消费过程中的资源进行管理和调控，使其达到应有的效率，将落后的线性物流形式（资源—产品—废物）打造为全新的循环形式（资源—产品—再生资源），有效地改善经济社会发展过程中的环境效率，以最小的物质能源付出、最低的消耗取得最大的经济利益（任勇，2004）。

3. 发展战略

基于生态系统的构成理论：以植物为代表的生产者、以动物为代表的消费者、以微生物为代表的分解者和环境构成了整个生态系统，所以，完整有效的生产结构也应该是基于以农业和采掘工业为代表的生产者、以制造业和第三产业为代表的消费者、以废物循环利用产业和第四产业为代表的分解者以及环境。所以，构建完善的资源循环利用体系是进一步促进循环经济的基础。当中，环境无害化和友好化技术是发展循环经济的有效客体，也就是减废减排的产品工艺技术，可与此同时，也应该包括尾端处理技术手段，也就是污染治理、清洁生产以及废物利用的技术。其中的核心是清洁污染技术，这说明了在发展和环境问题上，循环经济具有十分重要的意义（奚旦立，2005）。基于战略的视角，循环经济应包括五个方面：①清洁与污染技术将不再对立，而是统一的整体；②选择技术要基于系统化的前提条件之下；③多步骤循环发展；④把技术方法论从做减法转向做加法的方向转变；⑤把服务摆在生产的前面优先进行（沈耀良，2003）。

循环经济理论要求生态效率的提高，在农业产业生产过程中，推动农业进步的同时提高生态效率、生态效益、生态福利。

1.2.3 幸福经济学理论

一般说来，经济学认为提升幸福的最核心手段就是财富的增加，即幸福与收入成正相关关系。然而幸福经济学家对此持有不同见解。于1970年被不丹国王旺楚克提出的国民幸福总值概念及其政策和“伊斯特林悖论”（理查德·伊斯特林提出）开创了幸福经济学新的分支。为了计算幸福度，萨缪尔森提出了“幸福＝效用/欲望”的“幸福方程式”。这其中，人们因为消费所得到的满足被归结为效用，欲望则是指渴求愿望得到满足；通过公式，我们不难看出，效用与幸福成一定的正相关关系，而欲望则与幸福成反相关关系。

幸福经济学的学者们通过对幸福与收入关系的深入研究探讨，认为两者绝不仅仅是简单的正、负相关关系，而应该具有更复杂、深层次的关联。对比收入因素而言，他们更加注重非收入因素对幸福的影响，这其中包括健康状况、受教育程度、职业和事业情况、社会公平程度、婚姻与家庭、朋友关系、年龄和年代差异，以及文化氛围等因素。决定幸福的因素具有多样性，收入只是其中一种，并非决定因素，甚至在某些条件下不是最重要的因素；收入与快乐水平关系的复杂性还体现在，对于低收入阶段的群体而言两者关系密切，而对于高收入阶段而言两者则不具备相关性。一般认为，低收入家庭的幸福感没有高收入家庭的高，而中等收入家庭的幸福感对比最高收入的家庭而言则没有明显区别。与此同时，人的幸福是可以用指标度量的，比如国民幸福指数、日重现法

（DRM）和自陈量法等都可用来反映个人或群体对整个社会和经济发展的满意程度。由于主观幸福本身具有难以测量的特性，而且在当前条件下其测量技术也并非成熟，因此，学术界的一般做法是用公认的可影响幸福度的客观指标来反映主观幸福度，具体则包括健康状况、教育水平、政治稳定、民主程度、交通与环境保护状况等。这一系列指标所形成的评价标准中，“不丹模式”的影响力最为广大。不丹国王旺楚克提出了“国民幸福总值”（GNH）——以政府善治、经济增长、文化发展和环境保护为四极指标，其最终目的在于实现国民普遍幸福。“不丹模式”一经提出便获得国际社会的广泛关注，促使世界各国开始思考如何提升国民幸福感，对世界上其他国家和社会产生了深远影响。

幸福经济学的观点强调幸福的影响指标除了经济指标之外，还包括其他诸多的非经济指标，随着各国对环境的重视，生态环境指标对于幸福的影响程度越来越大。也就是说，幸福经济学越来越强调生态环境的作用，追求生态效益和生态福利的提高。

1.3 福利经济学

福利的研究经历了不同的历史发展时期，学者们对于福利的认知经历了不同的理解阶段。亚当·斯密提出了经济福利论，认为人类都是逐利的，经济应是自由经济，市场经济就是一种自由经济，由供给和需求来调节市场的价格，资源的配置应该在市场的指引下优化配置，福利主要指的是自由市场的经济福利。法国经济学家巴斯夏提出了“社会和谐论”，指出福利经济学主要应该由消费者剩余、生产者剩余、外在经济三个方面构成。庇古（A. C. Pigou）则非常规范与系统地阐述了对福利概念的界定，在理论上对福利经济学进行了论述。此外，随着社会和经济的发展，学者们对于福利的认识不断地变化和发展，相继出现了大批的新福利经济学家，如卡尔多、希克斯、伯格森、萨缪尔森等，他们运用“序数效用论”“帕累托最优”“补偿原理”“社会福利函数”等来衡量社会福利。关于福利的研究，有的学者集中在经济方面，认为福利是属于经济范畴的，应该从经济角度来分析福利；有的学者认为福利集中在经济方面过于片面，指出福利应包括更大的范围，提出了社会福利的概念；有的学者在环境保护的基础上，指出福利除了经济福利和社会福利之外，还应该包括生态福利，为人类的生产生活提供良好的自然和社会环境。总的来说，福利大致可以分为三个方面，即经济福利、社会福利、生态福利。

关于福利的规范性研究始于20世纪20年代末，在福利测度方法上，比较有影响力的有夏普（Andrew Sharpe）、杜诺凡等（Nick Donovan et al.）和伯格海姆（Stefan Bergheim）等，以学科发展与知识结构为基础，分别从福利组织化、福利及衡量指标、GDP扩展等视角开展了较为系统的研究与探讨。在福利测度指标的研究方面，阿马蒂亚·森认为，传统的用来比较不同国家福利水平的经济指标（例如人均国民收入）仅只考虑到社会的平均收入状况，因而有必要加以改进和完善，建立能够反映收入分配公平程度的新指标。指标选取的不同意味着测度的重点不同，就选取的指标而言，福利测度主要包括经济福利测度、社会福利测度和生态福利测度。

1.3.1 经济福利研究

国内外针对经济福利的研究较为集中，对经济福利及其水平的影响因素进行了系统的研究与阐述。

一是影响经济福利的因素主要包括有政府行为、对外贸易、外来投资和人口流动等。从政府经济行为角度，王丽（2008）研究指出两税合并，短期内会降低经济福利，长期内会增加经济福利；唐华（2003）认为政府的适当干预能够增强整体经济福利。从对外贸易角度，布朗和里切（Brown，1990；Richie，1990）指出额外的贸易限制能够降低环境污染，增加经济福利；威纳（Werner，1998）通过对贸易开放度和环境污染的研究指出，提高贸易开放度可以提高经济福利。从外来投资角度，俞升（2006）利用博弈分析指出外来投资能够增加相互竞争，实现资源优化配置，提高整体经济福利。丁辉侠等（2008）研究指出服务业 FDI 长期内能够改善经济福利，但短期内对经济福利的影响不显著。阚大学（2010）利用数学模型分析指出东部地区外商直接投资与对外贸易对经济福利增长影响最大，中部地区次之，西部地区最小。

二是关于经济福利水平的影响因素方面。王树同（2005）研究指出大量重复建设和银行不良贷款阻碍了经济福利的提高。陶一桃（2006）认为消费者剩余是衡量经济福利的重要指标。田野（2001）认为垄断及内部化外部性是导致经济福利不高的重要原因。左昊华（2004）通过对天津保税区福利效应的分析指出优惠政策有利于经济福利的短期提高。陈珂（2004）指出经济福利与社会福利是相辅相成的，要提高经济福利，应考虑社会福利的影响。吴松岭（2003）提出了我国对外贸易经济福利的理论模型，用于测算经济福利。马雪彬、胡建光（2012）研究指出区域金融发展对经济福利的影响较为微弱，财政支出有效地促进了区域内经济福利的提高，在分省区研究中发现：不同的区域金融发展、财政支出对当地经济福利水平的影响具有较大的差异。

关于经济福利的测度，国内外学者提出了不同的标准和方法。1929 年庇古发表的《福利经济学》，提出了经济福利是可以用效用来衡量的，而效用是可以用货币来量化的，所以间接的经济福利是可以用货币来衡量的。再结合效用理论和国内生产总值，庇古指出全社会经济福利的主要指标是 GDP。1972 年，诺德豪斯（William Nordhaus）和托宾（James Tobin）调整了 GDP（或 GNP）测度经济福利的观点，提出了经济福利测度指标（measure of economic welfare，MEW），其主要观点是福利的产生不是和生产相关的而是和消费相关的，对于指标的选取应该减掉一些生活生产方面的支出，再加上个人支付的消费以及服务。1989 年，戴利和考伯（H. Daly & J. Cobb）提出了可持续经济福利指数（index of sustainable economic welfare，ISEW)，其也是以消费作为主要衡量观念的，指出了7大衡量指标，主要包括：收入差距、非预防性公共支出、资本增长和国际头寸的净变化、对福利的非货币化贡献、私人预防性支出、环境降级的成本和环境资本存量折旧。1995 年“重定义发展”组织提出了新的衡量标准，主要加入了志愿活动、原始森林资源损耗和闲暇等指标。1998 年奥斯伯格和夏普（Lars Osberg & Andrew Sharpe）构建了有别于传统研究的经济福利指数（index of economic well-being，IEWB)，涉及人均有效消费、社会生产性资源净累计存量、贫困和不均等、经济安全等量化指标。2012 年杨晓荣设计出了 GNH 来衡量经济福利，其主要是重视物质和精神层面的双重满足。

1.3.2 社会福利研究

国内外学者针对社会福利的研究较为全面，涉及概念界定、理论发展与演化、经济增长与社会福利、社会福利制度等方面，甚至开始了农村社会福利的初步探讨。

一是福利概念的界定与内涵。社会福利概念的界定必须以社会学学科知识为基础，并向政治学、经济学等多学科领域延伸。但是由于国内外学者对其概念的界定及内涵的解释尚未形成一致意见，所以针对性的研究较为宽泛。国内外学者根据个人学科基础与知识结构，分别给出了对社会福利的解释，米德格雷（Midgley，1995）将社会福利界定为一种制度安排，是指缓解社会病态与问题，推进社会权利实现的制度安排。巴伯(Barber，1999）则给出了完全不同的界定与解释，其认为社会福利是一种集体幸福与存在状态，包括经济社会发展的方方面面。方福前等(2009）则对社会福利的整体水平给出了解释与界定，认为福利水平应该反映个人的生活质量、发展空间以及幸福指数等方面的状况。而熊跃根（2010）则进一步系统阐述了社会福利提升涉及的领域，其观点倾向于制度安排学说。

二是社会福利理论发展。涉及民主社会主义、新自由主义、“第三条道路”等社会福利理论与学说。

1. 民主社会主义社会福利学说

19世纪中期，民主社会主义出现在“讲坛社会主义”和“费边社会主义”兴起与发展的基础上，以资本主义社会改良为核心观念的民主社会主义福利学说逐步萌芽与发展。民主社会主义者追求的是以和平的方式实现社会主义，即通过高福利来消除资本主义的弊端，实现社会的长远发展。民主社会主义同时存在于不同地区，出现于不同时期，所以其主要观念因时因地而有不同，具有不同的特点，但总体而言，民主社会主义的基本价值取向和经济、社会主张是一致的。

民主社会主义学说在价值观上主张自由、平等和博爱，并以实现人的高度自由为最终目标，使人能够自由地生存和发展，而要实现人的高度自由，首先就应该保证人在经济上的平等，通过政府的制度安排实现社会成员的平等，保障人的基本发展需求，保障人的基本生存和发展是平等的，进而实现人的社会平等。

该学说认为政府有责任创造公平的福利机会。民主社会主义指出国家是社会福利的建设主体。一方面，国家应利用自己的功能建立起强大的社会保障制度，为社会公民提供应有的社会福利；另一方面，国家应为市场经济的发展塑造良好的社会环境，同时充分发挥自己的宏观调控能力，保障社会福利的有效供给。

在发展上，民主社会主义认为社会经济的发展应走可持续发展道路。为了推进经济社会的全面协调及可持续发展，国家有责任构建与完善高效的社会福利制度，通过计划经济的发展，缩小企业间的不协调发展，保障充分就业，实现社会财富累计的同时，保证社会经济的全面、协调及可持续发展。

全面的社会福利是该学说的核心观点，即整个国家或者说全社会实施普遍的社会福利，国家作为社会福利提供的主体，应该无差别地向公民提供基本生活需要，以保障其享受相应的社会福利的权利。同时，该学说认为社会福利的基础是国家福利制度，即福利政策上升为国家的一种制度，对分离事务起着统领和指导作用，在社会民主主义者眼中，一个福利国家应该具备五大功能：①合理地实施社会收入分配与再分配制度，弥补市场分配的不足，使社会公民间的福利不至于相差太大，最大限度地实现社会平等；②充分发挥社会福利的投资功能，通过福利支出：一方面增加投资力度，促进经济发展；另一方面扩大需求，刺激生产；③有效地发挥制度安排的福利供给的公平性，以达到维持社会和谐稳定的目的，提高国民的幸福感；④塑造良好的社会环境：一方面解决个人的后顾之忧，激发个人的潜能；另一方面促进社会的均衡发展，进一步推动社会福利的发展；⑤努力提高社会公民的思想素质，推动社会问题的有效解决。

2. 新自由主义社会福利思想

新自由主义是对古典自由主义批判和发展，可以说，新自由主义的发展是基于古典自由主义的。古典自由主义崇尚完全的自由竞争，认为自由市场经济是最好的经济形式，市场经济制度是最有效的制度，只有完全的自由竞争才是符合经济发展道路的，才能不断地积聚财富，保障经济的持续发展。古典自由主义在欧洲资本主义发展的前期发挥了非常重要的作用，促进了欧洲的经济发展和政治发展，对欧洲经济领先于全世界做出了突出贡献；然而20世纪20～30年代的资本主义经济危机的爆发，促使学者与政府对古典自由主义重新审视，其结论认为完全的自由竞争并不是万能的，为后期凯恩斯主义与民主社会主义的发展奠定了良好的舆论基础；70年代，资本主义再次爆发“滞胀”经济危机，经济发展徘徊不前，发展速度慢、效率低，使得新自由主义得到重视，即在政府的调控干预下，追求自由经济。

新自由主义是对古典自由主义的延伸、发展与反思。新自由主义的基本主张与古典自由主义的基本主张是一致的，但也存在一定的不同，其差异主要表现为：①关于个人自由，古典自由主义强调个人自由应该是完全的、无限制的；而新自由主义强调个人自由是不完全的、有限制的。②关于国家与经济生活，古典自由主义强调完全自由的市场经济，个人生活也是完全自由的，国家不能干预经济生活；而新自由主义强调不完全自由的市场经济，个人生活也是不完全自由的，国家可以在一定范围内干预经济生活。③关于社会福利，古典自由主义强调社会福利应该由社会公民自己承担，主张社会公民利用自己的能力解决个人福利问题；而新自由主义强调社会福利应该由国家承担，主张公民的社会福利应该主要由国家来解决。

新自由主义的发展主要体现在对福利国家关于社会福利的批判上，在社会福利问题上，福利国家的社会福利政策对个人、经济、社会都造成了一定的影响，新自由主义的福利思想对其进行了一定的反思和调整，主要表现在：①福利国家的福利思想认为人是完全理性的，夸大了人的理性。新自由主义认为，人的理性是有限的、是非完全理性，国家的福利计划应该以人的有限理性为基础，而不是完全理性。②福利国家的福利思想认为人是积极的，错误地理解了人性。新自由主义认为，社会生活中的人都有着自己的判断能力，都是趋利避害的，都是要追求自己利益的，而福利国家为全体社会成员提供福利保障，对低收入者来说，可能会增加其惰性，对高收入者来说，可能会挫伤其积极性。③福利国家的高福利政策不利于经济社会全面、协调发展、发挥市场经济的基础性调节作用。在自由的竞争机制下，才能获得经济的持续快速发展，而高福利政策一方面利用国家政策手段破坏了自由竞争；另一方面利用高额税收降低了再投资规模和能力，不利于经济的发展。④福利国家带来了严重的社会问题。新自由主义认为，福利国家的福利政策破坏了个人自由，进而带来了社会问题。一方面，福利国家政府通过资源的再分配夺去了一部分人的私有资源，侵犯了个人自由；另一方面，福利国家政府通过福利计划的制定与实施，夺取了一部分的选择自由，侵犯了个人选择权利。⑤福利国家给国家政治造成了困难局面。福利政策及制度安排是以提高全社会公民的福利水平为目标，对个人的贫困、就业等承担着重大的责任。若没有达到公民的预期，很有可能造成严重的信任危机，不利于国家的稳定与发展。⑥福利政策与制度安排在一定程度上对经济社会福利的发展具有负向效应。高度政府依赖是新自由主义社会福利学说的弊端，应构建以政府为主体，地方社区组织与个人积极参与的社会福利营造的主体体系，推进社会福利供给主体的多元化发展，增加有效福利供给，尽可能地激发与提高地方社区组织和个人的积极性。

3. “第三条道路”社会福利学说

高度依赖政府福利政策与制度安排弊端的显现，为学术界提出了新的问题，使之对原有学术的深入反思与审视逐步展开，在总结经验教训的过程中，形成了新的福利改革思路，即“第三条道路”社会福利思想。“第三条道路”福利思想在一定程度上打破了“左”和“右”的对立，建立起“中间”的思想体系，为社会福利的发展找到了一种平衡。“第三条道路”指出，公民可以从国家获得基本的生活保障，具有享受国家保障的权利，但是获得权利的同时，公民必须付出一定的义务，也就是说，公民的权利和义务是同时存在的，只有承担了一定的义务，公民才能享有相应的权利，就公民福利而言，公民只有努力为社会做出一定的贡献，才能获取相应的国家福利保障。总的来说，“第三条道路”注重多主体参与、多主体责任协同，主张多主体协同创新，为社会经济全面协调发展贡献力量。

“第三条道路”关于社会福利的理念是“无责任即无权利”，即没有履行一定的责任则不能享受一定的权利，福利国家应该通过人力投资和风险管理建立起福利制度，实现福利制度安排向福利营造的转变。“第三条道路”的“无责任即无权利”与民主社会主义和新自由主义的福利思想存在一定区别，主要体现在：民主社会主义主要强调国家对公民福利的责任，忽视了个人对社会的责任，是极端的社会责任；新自由主义主要强调个人对自己负责，忽视了个人对社会的责任和社会对个人的责任，是极端个人主义责任；“第三条道路”主要强调社会对个人以及个人对社会的双向责任，既重视个人和社会的责任，也重视个人和社会的义务。

在“无责任即无权利”的指导下，“第三条道路”福利改革的重点是实现本质上的变化，逐步实现向以社会投资带动社会福利水平提高的路径转变：①以社会投资带动社会福利水平提升，同时注重福利投资主体体系的构建与完善，传统“福利国家”的福利学说中，过于强调国家的福利供给主体地位与福利支出的主要承担者角色，过重的福利责任影响了国家财政的使用效率，不利于经济的发展；“社会投资国家”的福利思想中，国家不是主要唯一的福利供给者，国家政府承担着一定的福利支出责任，但是责任应该是有限的，还应该有其他的承担者，如个人、地区组织、行业组织等，也就是说，社会福利是由个人、地方、国家一起承担的，福利投资主体是多元化的。②注重人力投资，传统“福利国家”的福利思想中，福利支持主要是经济支持，对于公民的福利供给主要通过经济援助的方式，没有充分发挥公民个人的积极性；“社会投资国家”的福利思想中，福利支持强调的是“授人以渔”，即主要通过人力投资来增加公民的贡献能力，促进公民通过自身能力的提高来获取更大的福利，重视人力投资，可以提高公民的工作能力，增加其获取财富的能力，同时加强其获取福利的主动性，提高自身福利。③注重有效的风险管理，传统“福利国家”的福利思想中，福利保障主要是保障公民免受失业、年老和疾病等的影响，保障公民必要的生活和生存，免除了公民的生存风险；“社会投资国家”的福利思想中，风险既是危机，也是机会，全面的风险保障不利于培养公民主动积极的工作态度，不利于工作效率的提高，应该主动承担风险，刺激公民将风险转化为动力，促进经济发展，为了更好地利用风险，防范风险过大，应进行有效的风险管理，在控制管理风险的过程中寻找机会。

在农村社会福利方面，贺雪峰（2006）认为农民福利在本质上是一种对生活状况的满意程度，应该重视农村的社会福利。郑功成（2000）

认为社会救助、社会保险和社会福利能够提高社会福利水平。史柏年（2006）认为社会保障可以保证基本的社会福利。钱宁（2011）认为制度化的福利是真正意义上的社会福利。林义（2012）认为农村社会福利发展面临诸多障碍，如经济发展水平低下、务农者群体收入不稳定、交易成本增加、缺乏基本的社会公共机构、地理因素、人口分散等。关信平（2002）认为国际资本可能直接参与社会福利提供。景天魁（2004）认为应建立最低生活保障制度、公共卫生和大病统筹制度。杨团（2006）认为，中国农村社会福利的命题是对小农户的社会保护战略。刘继同（2002）以转型时期我国农民福利政策及制度安排模式为研究对象，探讨了我国福利制度变迁的时序特征，也即呈现了由集体福利向市场福利政策及制度安排模式的过渡与转变。徐道稳（2006）则从福利政策及制度安排的侧重点进行了相应的阐述与研究，认为我国农村社会福利政策选择及制定应着重考虑国内城乡协同问题，同时还要兼顾与适时定位政府角色，以达到提高农民组织化程度、解放农民生产能力的目的，进而逐步构建与完善提高农民家庭福利体系的政策与制度安排。李锐和朱喜（2007）构建了 probit 模型和 match 模型，以农户微观数据为第一手资料，通过计量手段，深入分析农户金融抑制的程度及其福利损失。许光（2009）则以城市新贫困群体为特定的研究对象，提出对该特殊群体构建福利补偿机制的对策建议，以期实现社会和谐稳定。

国内外学者对经济增长与社会福利方面分别表达了不同的看法，取得了比较丰富的研究成果。库明斯（Cummins）、格拉哈姆（Carol Graham）、黄有光、朱建芳等学者的研究表明，经济增长与社会福利是正相关关系，而且是存在前提条件的，在特定的范围内会对社会福利具有正向促进作用。巴伦（Barron，2000）的研究指出不同国家在不同的发展阶段，其收入差距与经济增长的关系有所差异。陆铭等（2005）的观点与巴伦（2000）不尽相同，其认为两者之间存在显著的负相关关系。张（Jie Zhang，2003）通过实证研究得出，社会保障水平的提高对经济增长的依赖性并不显著。林治芬（2002）则更客观地指出社会保障区域差异性的存在。诸大建等（2010）认为，福利水平的提高对经济增长具有较大的依赖性。

在社会福利制度方面，刘继同（2003）指出我国社会福利观念主要分为六大方面，分别是国家的权威与仁慈、资本主义社会制度、社会救助、工作单位的职业福利待遇和组织性福利、城市市民独享的社会特权、民政工作。宋士云（2009）研究指出职工福利、民政福利和社区服务是社会福利发展的重要影响因素，提高职工福利、改进民政福利，加强社区服务能够提高社会福利。

关于社会福利测度的研究，学者们提出的观点相互之间差异较大，选取的指标标准各不相同。1974年，伊斯特斯（Richard Estes）提出了加权的社会发展指数（weighted index of social progress，WISP），主要从教育、健康状况、妇女地位、预防性努力、经济发展、人文特征、地理、政治参与程度、文化多样性和福利营造努力10组指标来加权求出的指标值。1979年，莫里斯（Morris，D. M.）进一步构建与提出了物质生活质量指数（physical quality of life index，PQLI），涉及经济产出、预期寿命和教育水平三个方面，来测算社会福利指数。1990年起，阿马蒂亚·森提出了人类发展指数（HDI），通过预期寿命、受教育机会、综合毛入学率表来测度人类的幸福指数，全面衡量社会福利。福特汉姆大学（Fordham University）在1985年提出了社会健康指数（index of social health，ISH），用16个社会经济指标计算ISH数值，测度社会福利大小。1995年，迪纳（Ed Diener）提出生活质量指数（quality of life index，QLI），他利用两类生活质量指数来代表社会福利指数：一类是用于发展中国家初级生活质量指数；另一类是用于发达国家高级生活质量指数，两类指数在衡量过程中所用指标有所差异。戴建兵（2012）提出以社会福利发展系数对社会发展福利水平测度的观点，其中，社会福利发展系数（α）的测度则主要用社会福利发展水平增长速度与国民经济发展水平增长速度的比值来表示，社会福利发展水平的衡量主要以社会福利标准及人数占总人口的比例为核算基础。逯进（2012）等在社会福利指标的选取上，具体涵盖三层，包括 3 个一级因子，12 个二级因子，38 个三级因子，具体而言，一级因子指标包括物质财富、社会保障、生活环境；二级因子指标包括收入、消费、就业、养老、教育、医疗、住房等指标；三级因子指标包括消费性支出、农村居民人均生活消费支出、城镇恩格尔系数、失业保险覆盖率、城镇登记失业率、就业人员平均劳动报酬、医疗保险覆盖率、每万人口医疗机构床位数、每万人口卫生技术人员数、初中生师比、大专及以上文化程度占比、文盲率、人口密度、交通事故发生数、市场化指数、城镇化率、城市燃气普及率、人均城市道路面积、人均日生活用水量、城镇居民人均可支配收入、农村居民人均纯收入、人均储蓄存款余额、城市人均住宅面积、房屋平均销售价格、人均城市园林绿地面积、生活垃圾无害化处理率、省会城市空气质量达二级以上天数、城乡人均收入之比、城乡人均消费之比、农村恩格尔系数、养老保险覆盖率、农村社会养老保险覆盖率、劳动争议当期案件受理数、离婚率、总抚养比、户均人口数、财政支出占 GDP 比重、税收收入占 GDP 比重。

1.3.3 生态福利研究

生态经济越来越受到国家的重视，经济的发展一方面应该关注经济利益，另一方面应该考虑社会效益，同时不能忽视生态效益，因为经济效益、社会效益和生态效益之间是相互关联、相互影响的。党的十七大明确提出了生态文明建设战略，指出在发展经济的过程中要重视生态效率的提高（杨开忠，2009）。基于此，国内学者加大了对生态福利的研究力度。樊雅莉（2009）指出生态环境与社会发展密切相关，环境和谐则生态效益好，进而社会福利高，生态福利就是社会福利的重要组成部分，在社会福利中占有非常重要的地位。张军（2009）认为社会与生态之间的关系就是人与自然之间的关系，是工业文明与后工业文明之间的关系，人类在追求社会福利的过程中应该重视生态福利，可以说，社会福利是物质方面的范畴，而生态福利则是精神方面的范畴。张云飞（2010）将生态环境作为生态福利的重要影响因子，并将其简化为生态福利本身。武扬帆（2010）进一步阐述了生态福利的内涵，一是研究对象的拓展，由特定人群向全体公民拓展；二是基本生活保障的拓展，在基本满足生活保障的同时追求生态需求；三是在某种程度上推进物质保障与精神需求的有机结合，推进人与自然的和谐发展。

关于生态福利的测度，明确的测度研究还不多，相关的研究中，戴利和考伯（H. Daly & J. Cobb）的可持续经济福利指数测算考虑了环境降级的成本和环境资本存量折旧，奥斯伯格和夏普（Lars Osberg & Andrew Sharpe，1998）的经济福利指数测算考虑了人均自然资源和人均环境降级。迪纳的生活质量指数测算考虑了森林砍伐状况和环境公约数。另外，英国智库新经济基金会开发了幸福星球指数（happy planet index，HPI），该指数首次将生态环境与福利有机结合，其计算公式为：

$$HPI=\frac{(\text{生活满意度}\times\text{预期寿命})}{\text{人均生态足迹}}=\frac{\text{幸福生活年限}}{\text{人均生态足迹}}$$

其中，生活满意度可以通过微观调研数据获取，人均生态足迹指单位主体占有的具备生物生产力的土地数量。若研究区域内的 HPI 数值越大，就说明该地区居民可以在良好的生态环境中长寿享受及幸福生活。但是，Yew - Kwang Ng（2008）指出 HPI 尚未考虑生态破坏的负外部性影响，为此，其提出了更为完善的衡量指标——环境友好型幸福国家指数（environmentally responsible happy nation index，ERHNI）。ERHNI 的统计意义表示为调整后的幸福生活年限和人均环境外部成本之差（两者采用统一的计量单位）。

第 2 章

农业产业的生态功能及生态问题

农业生态系统是人类赖以生存的基础，为人类的生活提供了必不可少的物质资源，为人类的生产提供了必不可少的物质和空间资源，可以说，农业生态系统维持了人类的生活与存在。农业生态系统对人类提供的服务称为农业生态服务，它是维持人类生存的自然环境和空间系统，产生于生态系统的全过程。生态系统提供的服务主要包括为人类提供的食物、环境，为工农业提供的原材料等。农业生态系统维持了自然环境的生态平衡，维持了生物结构的长期稳定，以及维持了人类生命的长期存在，对人类生产生活有着重要的作用，对整个社会经济的健康持续稳定发展有着重要的意义和作用。但是，由于人类一直对农业产业生态系统认识不足，为了获取经济利益，不断地过度消耗资源和环境来促进经济发展，导致农业生态的破坏与失衡，这种非持续的经济发展方式造成了大量的环境破坏和环境危机，给人类的生产生活造成了严重的影响。因此，在发展农业生产的过程中应该重视生态环境的保护，在追求经济效益和社会效益的同时必须重视提高农业的生态效益。随着环境科学的发展，全球各个国家都非常关注环境问题，特别是整体的生态平衡问题。而农业的产业性质决定了农业的生产和发展必须消耗农业资源，之前在科技水平还不发达的基础上，农业生产对环境资源的消耗属于农业生态系统可承受的范围之类，但伴随农业科技的进步，农业生产的发展严重破坏了农业生态系统平衡，导致了许多环境问题和生态问题。

长期以来，环境问题受到世界各国的重视，研究环境问题的现状以及产生的根源对于推进环境质量的改进有着非常重要的作用，我国的政府和学者也非常重视环境问题的研究与解决，但快速工业化导致的环境污染问题学术界尚未进行系统的研究与探讨，仅集中在工业环境保护领域，忽视了对农业生态环境的研究。中国科学院国情分析研究小组研究指出我国可持续发展面临严峻的形势，可以概括为四点：①人口持续膨胀与老龄化趋势加速，就业与养老负担沉重；②农业资源与生态环境形势不容乐观，资源承载能力与空间压缩，生态环境日趋恶化；③环境污染逐步由城市向农村迅速蔓延，农业发展的自然资源禀赋退化严重；④环境规制下的粮食安全保障形势日益严峻。

我国是一个农业大国，作为基础产业，农业的健康持续发展关乎全国经济社会可持续发展战略总体目标的实现，农村生态环境的保护与改进是我国建设“资源节约型、环境友好型社会”的重要组成部分。我国农业生产的不持续发展造成了严重的生态环境问题，反过来农业生态环境的破坏阻碍了农业生产的发展。因此，在面临解决“三农”问题的历史重任下，应提高农业生态效益的关注度，推进农村发展的生态系统的构建与完善，促进农业的健康持续发展。正是因为农业产业的发展过程中，出现的资源环境破坏等现象，生态问题严峻，所以在发展农业生产的同时必须重视生态效益的提高。必须建立以维护农业生态环境为基础的现代农业发展模式，首要任务是处理好农村经济社会发展与人口膨胀、资源高效利用和环境维护的协同关系；其次在遵循资源节约与环境友好的双重前提下，探寻农业更快更好发展的新路径；最后，构建完善的农产品供给安全机制，杜绝以生态换粮食的不科学的农业发展模式，切实兼顾粮食安全与农业生态安全。

2.1 农业产业的生态功能

2.1.1 农业产业生态功能的内涵

1. 调节气候

大气和局部的气候（如温度、湿度、气流和降水）都会受到农业产业发展的影响，农业产业在一定程度上可以减少极端的恶劣气候对人类社会造成的灾害。如在工业比较集聚的区域，由于工业生产产生的二氧化碳或其他有害气体的排放会造成局部气候变暖以及酸雨的泛滥，更为严重的是，在大气环流的作用下可能会导致全球气候变暖，这样造成了生态环境的不断恶化，从而影响了农业生态环境的可持续性发展。而农业产业生态系统中的植物有存储水分和吸收二氧化碳等有害气体的作用，因此，其对调节气候和减少酸雨发生有不可替代的作用。

2. 涵养水源

农业产业生态系统中植物的根系能够深入到土壤里面，这样使雨水能够在土壤中更容易渗透，所以在雨水比较集中的区域内，提高植被覆盖率能够起到调节径流的作用，在相当程度上能够使径流变得均匀和缓慢。在雨水比较丰富的季节，森林覆盖能够减少洪水的发生；在干旱的季节森林植被中所存储的水能够保持河流中径流量。尤其是在我国西南地区的贵州，其雨季在6~8月较为集中，该地区农作物和森林植被在雨季也最为茂盛，这样在相当程度上稳定了其水文状况，从而减少了洪涝和干旱自然灾害的发生。

3. 保护土壤

土壤会受到雨水的直接冲刷，而农业产业生态系统中的植被可以缓解这种直接的冲刷，一方面能起到提高土地综合生产力，防止土壤侵蚀，以达到减少水土流失、缓解水库、湖泊及河流淤积的作用。与此同时，农业产业的生态系统和土壤中富有植被生长所需要的丰富矿物质和生存的水分，所以可以说在保护土壤的同时也就是在提高农业生态系统的农业生产能力，促进农业生态系统的良性循环。

4. 营养元素的贮存

土壤、大气和降水中富有丰富的营养元素，所有的生物都是依靠这些营养元素获得自身的生长，因此，从这一点来说生物具备储存营养元素的作用。同时，不同的生态贮存着不同的营养元素，这些营养元素通过有效的循环，一定程度上促进非生物和生物间营养元素的交换。因此，从这种角度上看，为维持生态的可持续发展，就要加大对农业生态环境的保护。

5. 维持进化

农业产业生态系统能够维持生物生存、繁殖以及生物之间、生物和自然环境之间相互转化的作用，这对维持进化的发展过程以及生态环境的经济、社会效益都具有重要的意义。农作物的传粉、异花受精以及基因流等功能需要借助外力得以完成。统计资料显示，超过 70% 的农作物品种通过动物移动实现授粉过程，该过程促进了动植物之间的协同进化关系。

6. 空气净化功能

生物的生长发育过程对立体环境具有改善作用。植被具有吸附大气灰尘的功能，同时还可以通过光合作用吸收二氧化碳、氟化物以及硫化物等，转化为氧气，起到净化空气的作用，最终实现对土壤和水质的净化。另外，农业生产过程中产生的垃圾、工业生产过程中产出的“三废”，农业生态环境同样具有可净化的能力。当然，如果大气中的有害气体超过了农业系统净化承载力，其农业生态环境系统的平衡就会被打破，导致农产品产量和质量下降。

7. 维护生命系统平衡

全球生态系统的重要组成就包含农业产业生态系统，所以，农业产业系统在维系地球上的生命系统中占据重要的地位。从整个全球生态系统来讲，大气、温度、湿度、水资源及生物资源是人类生存不可缺少的重要部分。而这种人类生存舒适环境并不是从来就有的，而是生物与地球所组成的系统个体通过不断地相互作用逐渐形成的。地球生态系统中供给人类自由呼吸的21%大气含氧量来源于植物的光合作用，作为全球生态系统的重要组成部分，农业生态系统对维持空气中的大量氧气起到了重要的平衡作用。

2.1.2 农业产业生态功能的特点

1. 具有效用的公共性或外部性

农业产业的公共性或外部性可以理解为农业的多功能性，世界上许多国家的专家和学者对农业的这一特性展开了深入的研究，且取得了较为一致的观点。国内学者一致认为农业兼具经济、生态、社会、政治以及文化功能。而农业生态功能最能体现农业的公共性或外部性。在净化空气、保持水土、调节气候等方面，农业生态系统发挥了巨大作用，农业的这一功能的发挥通常无法直接为人们所感知，作为农业生产的生产者也无法控制农业生态功能的发挥，所有人都可以共享农业的生态功能而不需要受益者付费，从这一角度来说，农业的生态功能具有典型的公共性或外部性。

2. 功能的多样性和关联性

从上一小节中，我们得知农业具有经济功能、生态功能、社会功能、政治功能和文化功能，每种功能都发挥着其各自的独特作用。如农业的经济功能能够为人类提供生存所必需的食物、生产所必需的原材料、维持健康所必需的药物、生产所需的能源等，仅农业经济功能一点就能体现出农业功能的多样性特点。此外，农业生态系统内部各子系统间也有内在的联系。马克思认为，世界上的每一个事物都是彼此相互联系的，都是相互依赖而存在的，不存在完全不与其他事物相联系而独立存在的事物。马克思的这一观点在农业生态系统中也得到了体现，例如，农业的生产功能能够为生态系统提供产品，继而表现为对农业生态系统的调节。对生态系统的调节又包括了对生态环境的净化，这意味着农业生态系统又发挥了保护环境的作用，在环境中生存的各种生物的生存也因此得到了保障，这从某种程度上来说也体现了文化服务的价值。以上这一系列的联系很好地体现了农业生态系统间各功能之间的密切联系，农业生态系统功能的全面性也是建立在各功能之间相互联系的基础之上的。因此，若想发挥农业生态功能的最大效用，就必须综合考虑农业各功能之间的联系和内在的规律，不能仅仅只考虑如何发挥农业生态功能的效用，要以多种功能的协同发展为基础推进系统功能的最大化实现。

3. 区域间的差异性

农业生态系统是建立在生态环境的基础上的，生态环境中各种因素，如光、水、热、土壤等的不同，会表现为不同地区在资源禀赋上的差异，进而导致系统功能的差异，最终导致系统功能作用和生态功能价值大小的差异。例如西南地区由于具有丰富的森林资源和生物资源因而在提供生态产品方面有着得天独厚的优势；东北地区位于平原地区，土壤肥沃，适合种植业的发展，因而成为我国的粮仓；新疆地区位于高原地区，有着充足的日照，因而成为棉花的主产区。此外，农业生态功能呈现出地区的差异性还受到不同地区的经济发展水平、当地政府的相关政策、人口素质和密度的影响，这也为我国根据不同地区的不同特点制定不同的农业政策提供了依据，不同地区农业政策的制定要兼顾农业生态系统的直接价值与间接价值，区域发展水平、人口的素质和密度也是需要考虑的因素，在此基础上制定的政策及制度安排才能推进农业生态功能的规模化呈现，实现农业持续健康发展。

4. 损失容易、恢复难

农业生产是自然的再生产和经济的再生产，农业生态系统的这一特性也决定了农业生态功能的强弱会受到人类活动的影响，主要表现为农业生态功能极易受到破坏，一旦受到破坏，便很难恢复。例如农业生态系统中的植被和水源，在农业生产的过程中很容易受到农药、生活垃圾等的污染，一旦植被和水源被污染，治理的难度会大大增加。农业生态功能脆弱性的根本原因在于农业生态系统中的各种自然资源和生活在其中的各种生物都是经历了长期的自然演变才形成的，而农业生产本身极其脆弱，是高风险产业，人们为了短期的经济效益会采取破坏生态环境的生产方式，这会严重阻碍农业生态环境的可持续性，带来不可逆转的生态风险。因此，政府部门应加快农业生态系统维护政策法规的制定，加大对农业生态环境保护的投入力度，采取多层次的生态补偿方式，确保农业的生态功能的正常发挥。

5. 易受人类影响

在农业生态系统中，人是主体，因而农业生态系统在很大程度上受到人类行为的影响。人们通过圈养的方式将野生动物转变为家养动物，将野生植物培育为可为人们提供食物的水稻、小麦、果树等作物。随着经济的飞速发展和人口的急剧增加，人类对自然资源的掠夺愈演愈烈，但同时，人类也受到了自然界给予的严厉惩罚，泥石流、赤潮、沙漠等各种自然灾害的频繁发生严重威胁到了人类的生存和发展，这不得不迫使人类开始反思自己的行为，开始注重保护生态环境，保护生态系统的功能，开始从理论和实践两个方面研究生态系统特别是农业生态系统的功能，各国也积极采取各种措施来保护农业生态环境。

2.1.3　农业产业生态功能的作用

1. 为人类提供了基本的生存资料

农业生态系统的一项重要功能在于，它能将 CO_2、H_2O 等无机物，通过太阳能和一些人工辅助能量，合成可被生物利用的有机化合物，从而支撑起人类和各种动物的生命系统，同时这些转化而成的有机物也是整个农业生态系统中包括人类在内的所有生物的食物基础。较之其他生态系统，人类绝大部分粮食和肉类都来自农业生态系统，它为人类提供了基本的生活资料，是人类生存的先决条件之一。与此同时，农业生态系统也是下游产业原材料的供给主体，基础性不言而喻。

2. 为农业生态系统生物提供了适宜的生存环境

农业生态系统在维持大气、水、生物的动态平衡方面具有显著作用，如调节气候、保持水土、生物传粉、保护生物多样性、净化环境等。另外，对于人类而言，农业生态系统对减缓干旱和防止洪涝灾害等方面也有十分重要的积极作用。因此，农业产业生态功能的发挥为农业生态系统的生物创造了有利的生存环境。

3. 是人类休闲、娱乐、美学和文化教育的场所的供给主体

人类发展逐步走向享受阶段，而发挥农业生态系统的功能展示并欣赏成为人们生活不可或缺的组成部分。迎合人的生活需求与经济需求是农业生态系统所应具备的自身特点。美丽的山水田园风光和充满意境的花果树木自古以来为广大的文人骚客提供了丰富的创作空间，同时也是人类休闲、娱乐、欣赏美学和接受教育的绝佳场所。

4. 是衡量综合国力可持续性发展的重要因素

农业生态系统的健康发展是我国可持续发展综合国力不可或缺的部分，是人类生存发展的基础。随着时代的进步，人们对于物质需求也不断提升，而这些物质的质量程度都直接或间接源于农业生态功能，因而毫不夸张地说，农业生态功能的状况在一定程度影响甚至决定了可持续发展综合国力的方向。为此，我们必须以增强国家农业生态的功能为目标，努力对中国农业生态系统进行有效而且科学的全面管理，为实现国家农业的可持续发展做出贡献。

2.1.4 农业产业生态功能的构成

农业产业生态功能，指的是人类在积极进行劳动的时候，在农业生态过程和系统中所生产的维持人们生活的物质、自然条件以及能效。它不单是为人类提供充足的生产生活所必需的物资和原料，还给世上的生命生存繁衍提供了基本条件，并在人类生存和发展过程中扮演着环境基础的角色，同时也是陆地生态系统不可或缺的构成部分之一。农业生态功能划分的标准多种多样，本研究是依照其提供服务的效用、机制与类型，将净化保护功能剔除，从更狭隘的层面定义农业生态功能，便于后期研究的便捷性。

1. 生产功能

农业生产功能是农业生产生态系统最主要的功能。它在充分吸收太阳与人工辅助能源的基础上，利用 CO_2、H_2O 等无机化合物来进行有机物质的合成，这也是农业生态系统相当显著的功能，这种功能支持着农业生态系统和人类社会的生产和发展，为人类社会以及整个世界的生产发展打下了坚实的物质基础。人类社会赖以生存和发展的各类物质产品都是建立在生产功能的基础之上的，人类的生存和发展、农业生产者的经济收益都是要依靠生态产品来维持的，例如人类平时吃的粮食、蔬菜、肉类、水果等物质，生活中用到的纤维、橡胶等生物化学物品，以及木材、药品和淡水等生活资源，还有别的生产原料。在此基础上，生产系统还提供和保证人类的能源供应，根据有关资料显示，每一年全球来源于生态的能源有 15%，而发展中国家这一比例达到了 40%，当然，农业生态也可提供一些来源。

2. 调节功能

在农业生产过程中，能够为人类提供所需的服务和好处，这就是农业生态系统的调节功能。它包括：气候、水文、人类疾病的调节，以及维持空气的合理质量，如生物控制、传粉等等。

（1）气候调节。在人类产生和发展的过程中，全世界的气候由最初的较为剧烈的波动，变为稳定周期性的波动。人类的生活和分布大大地受到这类气候变化的影响。经过多年的观察和总结，科学家得出全球气候变化的主因是太阳黑子以及地球自转轨道的变化，但对地球生物的调节作用，我们绝不能轻视，要有良好的认识。例如各类植物通过吸收 CO_2 排出氧气来调节大气，防止温室效应。地球上众多的植物能够通过土壤里发达的根系来汲取水分，然后再经过自身的叶子来进行排除，通过蒸腾作用把水分挥发到大气中，而雷雨的形成正是由于大量叶子的水分蒸发，这能够缓解某些地区水分的耗损和短缺，大大降低某些地区人们对水的要求。例如，亚马逊流域的水分蒸发带来了森林 50% 的水源。所以，气候的调节作用正是基于此才得以发挥出来的。

（2）水文调节。地球上的植物通过叶子来进行土壤覆盖，与此同时，植物的根系扎入土壤底部，而植物的叶子同时能够腐化为肥料，这不仅会让土壤在雨水的渗透方面更强，同时也会减小径流，肥料能够改善土壤质量，加固土壤的蓄水能力。所以，农业生态系统可以通过全球的植物来涵养水源、稳定水文，同时降低干旱和洪涝发生的频率。

（3）生物控制。地球上的各类基础环境以及因素，能够通过各种方式和途径对人类经济社会的发展构成影响。人类控制与否是自然生产和农业生产的本质区别。当然，生物受制于自然环境因素的差异以及对土壤肥力的需求差异，也会产生各种影响。人类由于没有充分认识到这一点，对化学农药大量使用，导致害虫的抗药性增强。而与此同时，人类却还在加大农药的使用量，这对人类的健康也造成了潜在的威胁，在此基础上，也降低了害虫的自我控制能力，这给虫灾的爆发埋下了伏笔。

3. 净化功能

储蓄和净化水质是农业生态系统净化的主要表现，还包括植物叶片对大气污染的净化作用和生态系统对土壤污染的净化作用。

（1）水质净化。农业生态系统的水质净化作用主要是通过植物根系蓄藏水分，以及土壤岩层对其进行过滤来实现的。在该净化过程中，农业生态系统中的有害物质通过生物的吸附功能实现转移，并达到净化的目的。

（2）空气净化。光合作用是绿色植物通过吸收大气中的 CO_2，并释放氧气的过程，该过程有利于实现大气环境的平衡，此外，绿色植物还可以吸附、过滤空气中的有害物质，同时还具有涵养水分，增加空气湿度的作用。

（3）土壤净化。土壤是有机质等的还原载体，许多存在于人类社会的病原体通过土壤的净化过程中实现了病原体的无害化。人类社会每年产生的各种废弃物大约有 1.3×10^{11} 吨，其中有 30% 来自人类的活动。值得一提的是，农业生态系统中具有一系列的还原过程，对所产生的废弃物中的有机物能够起到净化作用，如农药、洗衣粉、油等农业残留和工业废物都可以被农业生态系统的微生物降解和无害化。

4. 保护功能

保护自然资源，促进人类发展是农业生态的重要作用与功能，主要表现在三个方面：首先是由于植物的根系发达从而保持水土；其次是植被的枝叶对阻挡风沙和减缓风速的作用；最后就是有利于维持生物的多样性。

（1）水土保持。由于植被的根系发达，农业生态系统中生长着各种各样的植物，许多植物的根系较为发达，能够深入地面以下数十米，起到了防止水土流失和促进降雨渗入的作用，发达的根系也为植物吸收水分和养料提供了条件，这也是农业生态系统具有水土保持作用的基础。有关研究表明，地球年平均总降水量约 1.19×10^{11} 立方米，其中很大一部分都进入土壤，或被植物吸收，或进入地下变为地下水。在植被覆盖密度较低的地区，土壤吸收水分的能力也较低。哈姆希尔（Nelv Hampshere）通过相关数据与方法，研究植被覆盖率与地表径流的关系。研究发现，较之植被覆盖率低的地区，植被覆盖率较高地区的地表平均径流量明显增加，增加幅度达 40%，砍伐后 4 个月的森林地区相比于未砍伐之前，地表径流量增加了 5 倍。1998 年我国长江流域爆发的洪涝灾害在很大程度上是由于长江中上游地区的植被遭到破坏，中游地区的湖泊数急剧减少、土壤涵养水源的能力大幅度下降所导致的。因此，农业生态系统对于地区的水土保持具有很大的促进作用，也为中上游流域的生态补偿的实施提供了参考。

（2）防护风暴。面对强力风暴，农业生态系统中的高大植被可以有效降低近地表风速，保持土壤肥效的同时减少风暴的破坏性，进而减少房屋损失和促进农作物增收，所以说农业生态系统对于防护风暴具有重要作用。另据董光荣等研究数据显示，因土壤风蚀，青海共和盆地的经济损失已达到 14.26 亿元之巨。

（3）生物多样性。农业生态系统的生物多样性包括动物、植物、微生物的物种之间的多样性。遗传与变异物种间的多样性及生态系统的多样性和景观多样性在 4 个层次中都发挥着重要的作用。其不仅为各种农业生态物种提供了良好的繁衍生息环境，还为整个生物多样性的发展提供了准备条件。生物的多样性通过生态系统来保存和持续发展，同时也为农产品的改良提供优秀的基因库。据生态系统相关研究资料显示，在地球上近 8 万种可食用植物中，有 7 000 种植物已经被人类所使用，并且人类 90% 的食物是由广泛种植的 150 种粮食植物中的 82 种农作物来提供。不难看出，作为生态系统的重要组成部分的农业生态系统，其生物多样的特性为人类乃至世界生物的发展作出了重要贡献。

5. 文化服务功能

人类通过主观印象、认知发展、美学体验和娱乐消遣等方法构成农业生态系统的文化功能，这些也是人类从农业生态系统中获得的非物质利益。具体说来，农业生态系统的文化功能主要包括以下两个方面：一是农业生态旅游、垂钓等户外活动在内的娱乐休闲功能，这部分具有相当可观的商业价值；二是以文化多样性、教育价值、美学价值、世界文化遗产价值以及科学与艺术灵感启发和知识体系等为内涵的文化教育传播功能，这部分价值则不能通过具体的商业价值来衡量。

6. 生命支持功能

区域农业生态环境条件和维持农业生态过程一同构成了农业生态系统的生命支持功能，与农业生态系统的其他生态功能相比，生命支持功能是基础功能，对人类的影响也是间接而且持久的。至于农业生态系统的生命支持功能的主要内涵，则表现在水土保持、大气环境中氧气含量的稳定、水循环及生物地化循环等方面。需要着重指出的是，农业生态系统为许多陆生生物、水生生物提供生境，同时也是野生动物的繁衍和迁徙的基地。

2.2 农业产业的生态问题

农业既以一定的生态环境作为其生产环境，又以一定的生态系统作为其生产过程，是和生态环境联系最紧密的产业，可以说，农业和生态环境的相关程度是最高的，也是对生态环境影响最大的产业。伴随着我国逐步由传统种植业向集约化、现代化农业产业的过渡与发展，农业生态问题日趋凸显，“三农”问题遭遇资源与环境瓶颈，主要体现在农业资源、农业环境、农业生物以及农业生态等方面。

2.2.1 农业资源问题——自然资源锐减

自然资源是农业生态的基础和核心，是衡量农业生态环境的重要指标。如果自然资源遭到破坏，会导致农业生态危机。我国是一个农业大国，农业资源问题显得尤为重要，但在我国现代化的发展过程中，不断地掠夺农业资源，造成了农业资源危机。农业资源危机主要表现为资源的退化与持续性减少，包括耕地资源、水资源、森林资源、湿地资源、草地资源等。

1. 耕地资源出现危机

耕地资源危机主要表现为耕地资源量的减少和质的下降，即耕地资源数量的减少和耕地资源肥力的下降。

首先，耕地数量不断减少。耕地对农民具有特殊意义，既是经济保障，又是社会保障。一方面，农业收入是农民的主要收入来源，而耕地是农业收入的主要承载主体，具有经济保障作用；另一方面，耕地是农村社会稳定的重要手段。换句话讲，保障农民的耕地对维护农村社会稳定意义重大，但是如何高效利用耕地则关乎农业经济的发展与农民收入的增长。然而，农业生产发展过程中，或是不注重耕地资源保护或是耕地资源的非农化，导致耕地资源总量的不断减少。如图2-1所示，我国耕地资源自2010~2015年大体呈下降的趋势。根据国土资源部公布的全国土地调查结果显示，2010年耕地面积13 526.83万公顷，2011年耕地面积为13 523.86万公顷，2012年耕地面积13 515.84万公顷，

2013 年耕地面积为 13 516. 34 万公顷，2014 年耕地面积为 13 505. 73 万公顷，2015 年耕地面积为 13 499. 87 万公顷，六年间耕地资源共减少 26. 96 万公顷。其中，2015 年，全国因建设占用、生态退耕、农业机构调整等导致耕地面积减少 30. 17 万公顷。另外，在我国以经济建设为主的现代化建设时期，随着工业化和城镇化的加快，非农建设用地大幅度增加，在一定程度上将导致耕地资源的进一步减少，如果管理不当，则可能会导致耕地资源严重短缺的后果。

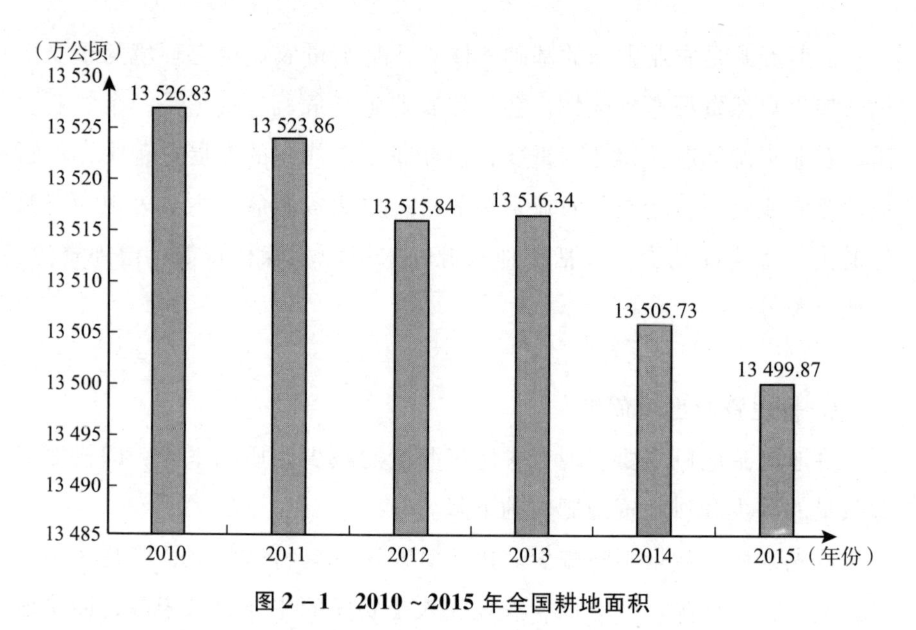

图 2－1　2010～2015 年全国耕地面积

资料来源：国土资源部网站《中国国土资源公报》。

其次，耕地肥力不断衰退。一方面，以农户为主体的小规模生产方式是当前我国农业发展的主要耕作模式，与规模化、集约化的现代农业发展方式相矛盾，这样便导致了耕地资源不能科学合理地进行轮作，不利于耕地质量的提高。另一方面，在追求产量的过程中，农药化肥的过度使用，导致耕地质量退化、土壤肥力下降。据监测，我国耕地土壤有机质含量普遍较低，和欧美国家有较大差距。比如我国耕地资源的土壤有机质含量为1.8%，比欧美国家少1%～3%；同时，我国有近半数的耕地资源微量元素严重缺乏，养分不足的耕地资源比例占到70%～80%，有20%～30%耕地资源养分过量。

2. 水资源危机加重

水资源危机主要表现为水资源分布不均、水资源污染严重和农业用水短缺。

第一，水资源分布不均。我国地域辽阔，人口和耕地分布不均衡，不同的地区对水资源的要求不同，但总的来说，水资源的分布与人口和耕地分布的均衡性对农业发展极为重要。但是，我国水资源的分布与耕地和人口的分布是不相对应的，总的来说，分布极为不均衡。

第二，水资源污染严重。水资源短缺在一定程度上也受制于水污染，因为水质的恶化会导致水资源可利用量的下降。我国水资源污染严重，加剧了我国水资源的短缺程度。据监测，在我国七大水系中，达到或者是高于国家地表水环境质量标准Ⅲ类的河段只占总河段的38.1%，水质标准为Ⅳ类的河段占总河段的16.4%，水质标准为Ⅴ类的河段占总河段的9.5%，水质标准为劣Ⅴ类的河段占总河段的36%；在我国的城市河段中，52%的河段受污严重，水质标准为Ⅴ类的城市河段占城市总河段的16%，水质标准为劣Ⅴ类的城市河段占城市总河段的36%；在我国多数淡水湖泊和城市处于中度污染，且还有75%以上富营养湖泊水面。可见，我国水资源污染严重，加剧了我国的水资源危机。

第三，农业用水短缺。农业水资源对农业生产有着非常重要的影响，农业水资源短缺已逐渐成为我国农业发展的突出问题。据监测，在我国的国土面积上，有72%的地区为干旱缺水地区，完全满足不了农业生产与发展的需要；同时，我国耕地面积和灌溉面积的水资源也非常短缺，我国单位耕地面积的水资源量约为世界平均单位耕地面积水资源量的67%，我国单位灌溉面积的水资源量约为世界平均单位面积水资源灌溉量的19%；另外，我国农田的有效灌溉面积也较低，只有0.47亿~0.52亿公顷的农田是有效灌溉农田，还有约0.07亿公顷的农田得不到有效灌溉。

3. 森林资源日益脆弱

森林是陆地生态系统的主体，对于空气净化、水源涵养、水土保持、气候调节等有着非常重要的作用，可以说，森林是陆地的生态屏障，对于生态和环境有着非常积极的保护作用。但是，我国森林资源日益脆弱，主要表现为森林面积减少，森林病虫鼠害面积加大，森林结构失调和森林生态功能下降。

第一，人均森林面积减少。由于森林的过度砍伐和不注重保护，我国的森林面积呈现逐年下降的趋势。如图2－2所示，2008~2015年我国人均森林面积分别为14.71、14.65、14.58、14.51、14.43、15.26、15.18、15.11万公顷/百万人。2013年人均森林面积增长的原因在于第八次全国森林资源清查结果中，森林面积从19 545.22万公顷增长至20 768.73万公顷，尽管2013年人均森林面积有所上涨，但之后呈现下降趋势。

第二，森林病虫鼠害面积加大。由于森林的保护不力，导致我国森林的病虫鼠害面积加大，严重影响了森林质量。如图2－3所示，我国森林的病虫鼠害面积自2005年的961.04万公顷上升到2014年的1 206.45万公顷，其中，2014年达到了最高的水平。整体来看，除2007~2008年度，森林的病虫鼠害面积呈逐步上升趋势，2005~2014年，森林的病虫鼠害面积分别为961.04、1 100.67、1 209.70、1 141.84、1 141.97、1 164.24、1 168.14、1 176.90、1 223.05、1 206.45万公顷。森林病虫鼠害面积加大导致了我国有效森林面积的下降，进一步加剧了森林资源的短缺。

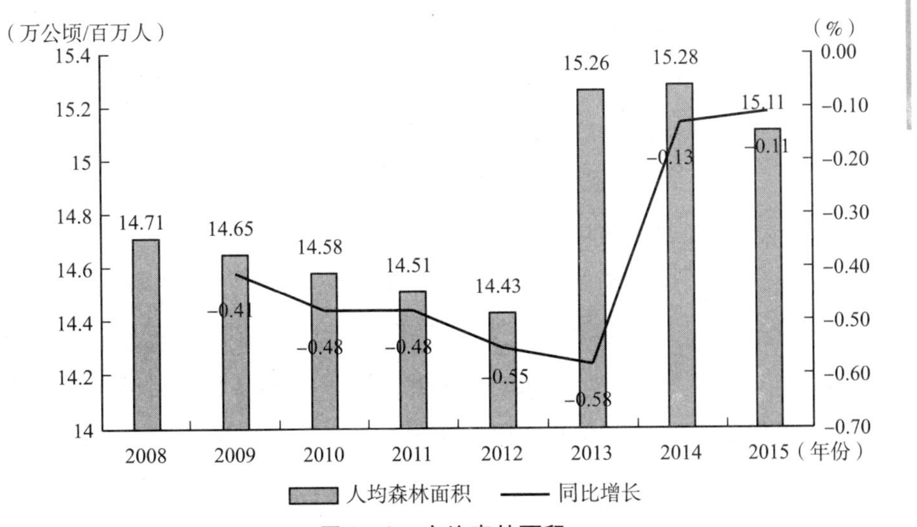

图2-2　人均森林面积

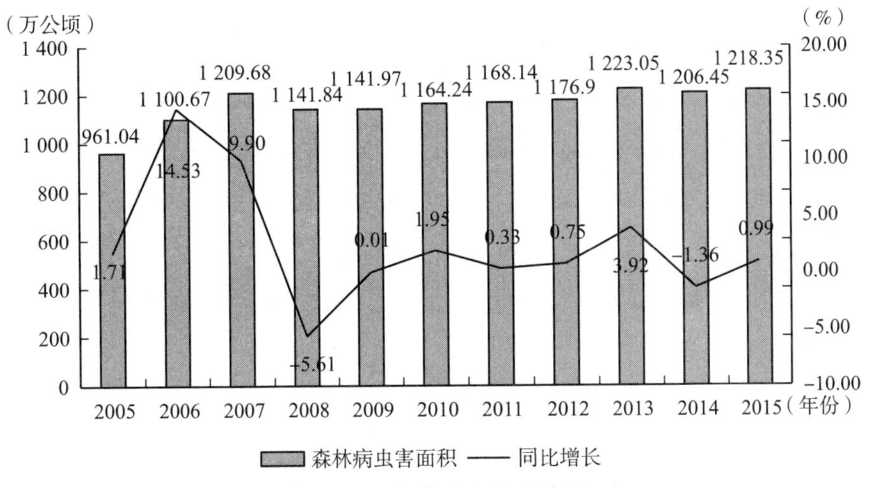

图2-3　森林病虫鼠害面积

第三，森林结构失调。森林结构失调主要表现为森林资源的地区分布不均衡、林龄结构不合理、林种结构失调。①地区分布不均衡，森林资源的分布呈现为东多西少，其中，在我国东部沿海的11个省区市森林的覆盖率为26.59%，在我国西部的11个省区市森林的覆盖率仅为9.06%。②幼林为主，林龄结构不合理。中幼林在我国森林面积中占比

71.1%，森林结构严重失调；③林种结构失调，我国森林资源以“用材林为主，防护林为辅”的林种结构，忽视了森林的社会效益和生态效益，片面追求其经济效益，没有充分发挥森林的生态环境功能。

4. 湿地资源遭到破坏

湿地是农业生态环境的一个重要组成部分，对农业生产的发展有着重要的意义，对生态环境也有着重要作用，具有调节气候、降解污染物、美化环境等多种功能。同时，湿地也是人类生存和发展的重要依赖资源，可以为人类的生存发展提供淡水资源，为人类的生产生活提供水产品和矿产资源。总之，湿地资源对于环境和人类社会都有着重要作用，具有强大的生态效益、经济效益和社会效益。但是，我国湿地资源却日益遭到破坏，主要表现为湿地面积的减少和湿地环境的破坏。

首先，湿地面积的减少。随着人类社会的发展，对湿地资源的索取越来越多，最终导致湿地资源面积的减少。如图2－4所示，自2005～2012年，我国人均湿地面积逐年下降，人均湿地面积分别为29.43、29.28、29.13、28.98、28.84、28.7、28.56、28.42千公顷/百万人。根据2013年我国第二次全国湿地资源调查结果显示，湿地面积从38 485.5千公顷增加至53 602.6千公顷，导致人均湿地面积呈大幅度上升，但2013～2015年人均湿地面积仍呈下降趋势，分别为39.39、39.19、38.99千公顷/百万人。湿地面积的减少，直接导致了我国物种的减少和部分地区生态环境的恶化。

其次，湿地环境破坏。在湿地面积减少的同时，我国湿地也面临着环境破坏的危机。以三江平原为例，对地区生态环境有着重要的稳定作用，但是，由于过度索取，三江平原湿地生态系统的维护面临较为严峻的形势，其湿地功能下降，导致地区生态系统的失衡，间接导致了整个东北地区的生态环境变化，引起了多年的持续干旱。三江平原湿地的破坏，引起了诸多的后果：气候更加干燥，年降雨量减少，据统计，三江平原的年降雨量骤减；土壤肥力下降，土地有机质平均每年

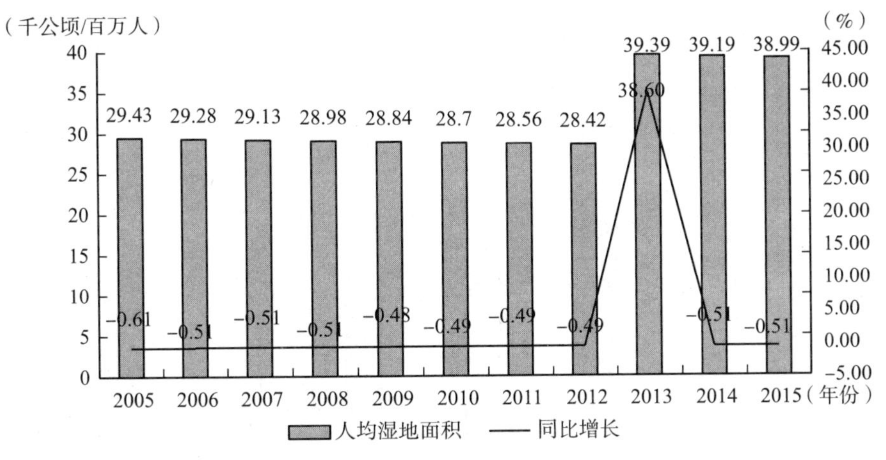

图2-4 人均湿地面积

资料来源：历年《中国统计年鉴》。

减少1.19%；水土流失加剧，三江平原地区的水土流失面积占现有耕地面积的26%；风蚀更加严重，三江平原地区风蚀面积逐年增加，已达到67.73万公顷；物种减少，三江平原湿地的减少导致了一些珍稀动物的灭绝；粮食生产能力下降，湿地面积的减少，既破坏了区域气候，也降低了土壤生产能力，直接导致粮食生产能力的下降，出现粮食生产危机。

5. 草地资源日益衰减

我国草地资源衰减，主要体现在量和质两个方面，即草地资源面积的减少和草地资源退化严重。

一方面，草地资源面积日趋减少。草地承载力过大且保护措施不当，我国可利用草地资源面积呈逐年下降的趋势。如图2-5所示，自2010~2015年，人均草地面积分别为24.68、24.57、24.45、24.33、24.20、24.08万公顷/百万人，六年间人均草地面积下降了0.6万公顷/百万人。草地资源面积的减少直接导致了部分地区地表植被覆盖面的降低，特别是在西北地区导致了沙尘暴的加剧，使生态环境更加恶化。

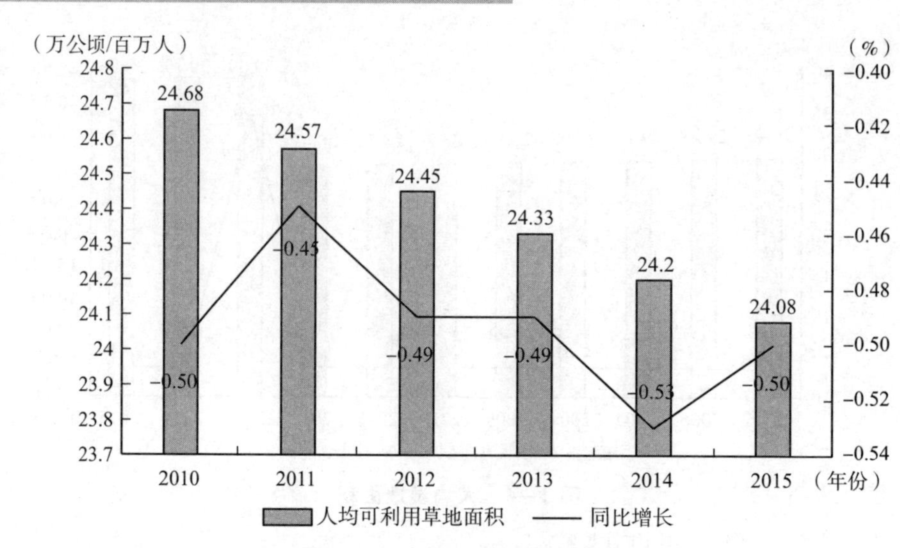

图 2-5　人均可利用草地面积

资料来源：历年《中国统计年鉴》。

另一方面，草地资源退化严重。由于草地资源的超强度开发，草地的退化、沙化、碱化逐渐加大，草地生态系统遭到了严重破坏，这直接导致了草地质量的下降，天然草场面积日趋减少。草地不同程度的退化是当前草地资源面临的主要问题，约90%的草地出现程度不一的退化现象，中度及以上退化程度的草地面积达到50%以上；我国“三化”（退化、沙化、碱化）的草地面积占总草地面积的1/3，而且逐年增加；另外，我国每年大概有150亿公斤的牧草被鼠吃掉或者是毁坏，这也导致了草地质量的下降。总的来说，我国草地资源退化严重，草地生态环境的形势十分严峻。

2.2.2　农业环境问题——环境污染严重

改革开放以来，我国的农村经济取得了快速的发展，农民生活水平得到了稳步的提高。但是，以环境换发展的经济增长方式严重制约了农村经济的后续发展。当前，农业面临严峻的生态环境危机，农业生态安全面临严峻挑战。

1. 工业“三废”污染

伴随着农村工业化进程的不断推进，农村工业“三废”（废水、废渣、废气）在农村迅速蔓延，造成严重的农业与农村生态系统破坏。如图 2－6 所示，2005～2014 年各地区产生工业废水分别为 243.1、240.2、246.6、241.7、234.4、237.1、230.9、221.6、209.8、205.3 亿吨，在 2011～2014 年间保持较小的下降趋势，尽管工业废水排放量有所减少，但基数仍然十分庞大，且主要集中于造纸业、化学原料与化学制品制造业等；如图 2－7 所示，2005～2014 年工业固体废物生产量逐年增加，2005～2014 年产生工业固体废物分别为 13.44、15.15、17.56、19.01、20.39、24.09、32.62、33.25、33.09、32.93 万吨，十年间工业固体废物产生量增加了 144.9 个百分点；如图 2－8 所示，2005～2015 年工业废气排放量大体呈上升期趋势，分别为 26.90、33.10、38.82、40.39、43.61、51.92、67.45、63.53、66.94、69.4、68.50 万亿标立方米，2015 年工业废气排放量有略微下降的趋势，下降幅度约为 1.3%，但十年间工业废气排放量增加了 154.6 个百分点。可见，工业“三废”呈逐年增加态势，对农业环境造成了一定程度的污染。

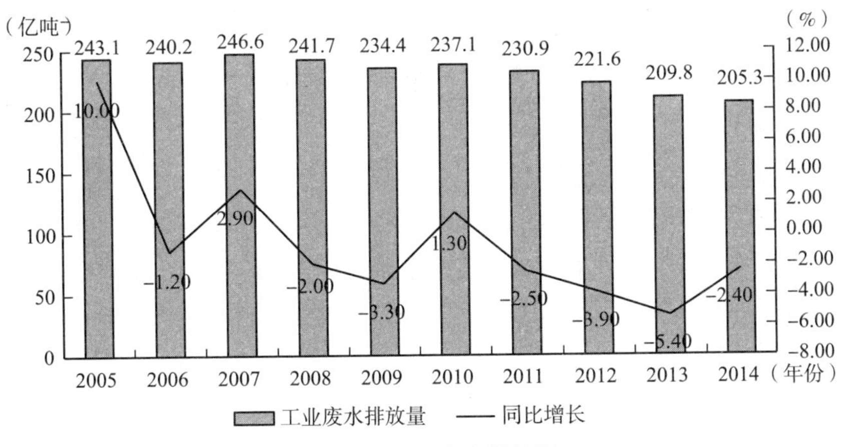

图 2－6　工业废水排放量

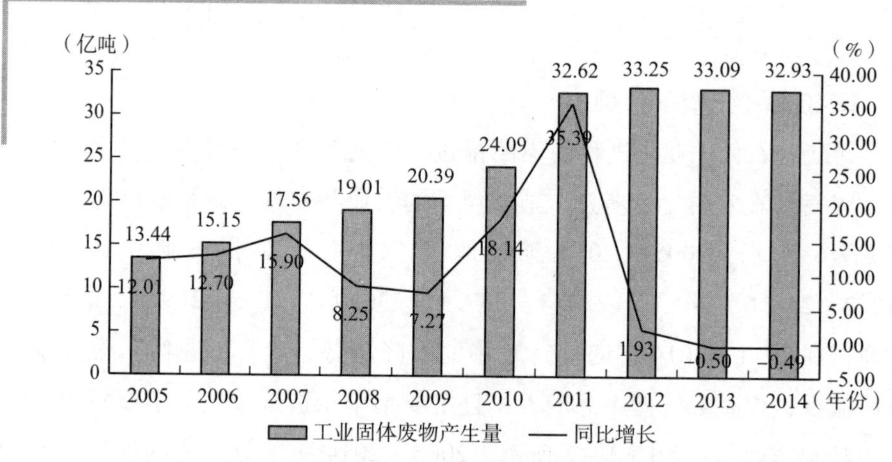

图 2－7　工业固体废物产生量

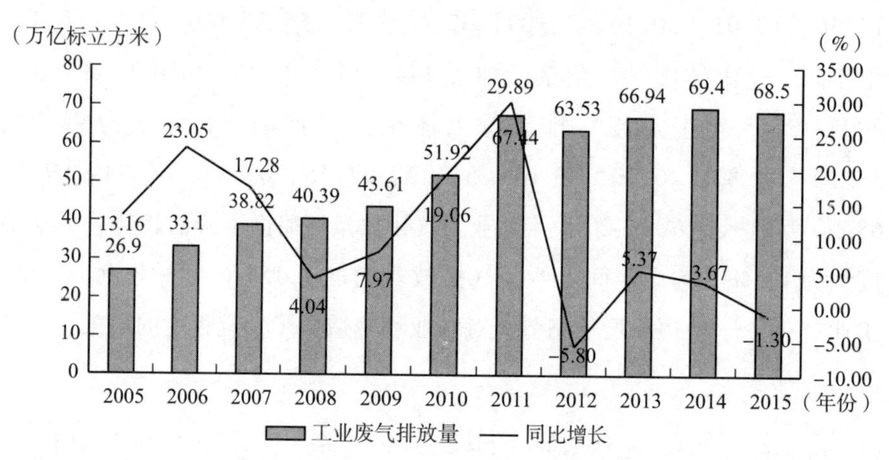

图 2－8　工业废气排放量

资料来源：中国产业信息网。

2. 农用化学品污染

农用化学品主要是指农药、化肥、农膜、兽药等农用化学物质，其不当处理方式将会给农业与农村环境带来严重危害。随着我国农业现代化进程的加快，为了提高农业的生产效率，农用化学品的使用越来越多，特别是农业化肥的使用，远远超过了土地的吸收能力，残留的农用化学品对农业环境造成了严重的污染。由于农业监管不当和过度追求经济效益，农药、化肥、农膜、兽药等农用化学品在农业生产中大量使用，又因为我国的农用化学品的利用效率较低，如我国化肥平均利用率只有 30% ~50%，农药的利用率也仅为 30% 左右，使得大量有害的农用化学品成为农业潜在威胁。

3. 农业废弃物污染

农业废弃物主要包括规模畜禽、水产养殖业、农作物秸秆等物质，其随意的排放或者是燃烧对农业环境造成了极大的危害。畜禽养殖工业化程度的提高，导致畜禽养殖规模的加大，大规模的畜禽养殖导致大量没有经过处理的畜禽粪便排放至江河湖海中，造成了江河、湖泊、水库富营养化，污染了水体环境，另外，养殖畜禽产生的废弃物造成的污染远远高于人类生活造成的污染。水产养殖业集约化程度的提高，加大了养殖规模和外源性饵料的大量投喂，增加了水中的氮、磷含量，加重了水体的富营养化造成水体污染，污染了农业环境。农业生产中会产生大量的农作物秸秆，其焚烧处理会造成大气污染，而我国农村地区农作物秸秆的处理大都是采取焚烧的方式，对当地气候甚至是局部气候会产生严重的影响，直接导致大气环境的污染。

4. 农村生活污水和垃圾污染

农村排放的生活污水和生活垃圾是农业环境污染的又一重要来源。我国农村居民的居住较为集中，排放了大量的生活污水和生活垃圾，因为监管和处置的不及时，对农业环境造成了严重的危害。生活污水方面，据估计全国每年有大概 80 亿吨的农村生活污水排放到河流或者是渗透到地下，降低了江河湖水的水质，造成了水体污染；生活垃圾方面，因为资金等方面的原因，我国农村地区的生活垃圾站覆盖率较低，没有经过处理的生活垃圾随意排放，严重损害了农村环境。

2.2.3　农业生物安全问题——生物风险凸显

农业生物安全问题日趋凸显，对自然生态和人类生活造成了一定的影响，农业生物安全问题主要包括生物多样性的减少、外来物种的入侵和转基因生物的威胁。

1. 生物多样性减少

生物的多样性有助于维持生态系统的平衡，有利于气候环境的稳定，有益于维护农业生物安全。我国是世界上生物多样性最丰富的国家之一，气温带跨度大，地形地貌多样，物种约占世界总数的10%，生态系统多样性位居世界的前列。但是，因为我国的生态环境破坏和过度使用消耗野生动植物资源，导致生物迅速消亡，严重威胁了生物安全。据估计，我国生物多样性迅速降低，大概有3 000种高等植物处于濒危境地；有63种裸子植物濒危和受威胁；有433种脊椎动物处于消亡趋势。这加剧了我国的生物安全问题。

2. 外来物种入侵

外来物种造成当地生态失衡，导致当地物种的死亡或灭绝。近年来，大量外来物种进入我国，有的是自然引进的，有的是人为带入的。进入我国的外来物种中有些对当地的生态系统和农林产业造成了极大的影响，改变了局部生态系统，进而造成了局部气候等变化，形成了生物安全问题。外来物种的引进给本地的生物多样性造成了严重的破坏，影响到一部分动物的生存，进而造成自然生态的衰退；同时这些外来物质也会对气候、土壤、水分、有机物等造成影响，改变其生态性质，威胁到人类的安全健康。可见，外来物种的入侵导致了我国生态系统的失衡，对动植物、人类都造成了一定的安全威胁。

3. 转基因生物的威胁

目前，转基因作物在全球范围内蔓延，比如美国生产的55%的大豆、50%的棉花和30%的玉米都是转基因品种，加拿大60%的消费食品都是有转基因成分的，转基因作物虽然在国内也引发了激烈的争论，但也存在少量开发。转基因生物对生态环境和人类健康都有着一定的影响，对农业生态环境也十分不利；英国生物学家认为转基因土豆能降低人体的免疫能力；美国科学家也发现转基因玉米的花粉含有一定的毒素，可能会导致蝴蝶死亡。总的来说，转基因生物通过对生态平衡的破坏和对人体免疫系统的危害，将损害自然环境和人类健康。我国转基因食品越来越多，国内也开发试验出了大量的转基因的生物，对我国的生物安全造成了严重的威胁。

2.2.4　农业生态问题——生态破坏严重

人类活动所引发的环境退化及其关联效应称之为生态破坏。我国的农业生态问题主要包括水土流失、土地荒漠化、土壤盐碱化、酸雨、赤潮、自然灾害等。

1. 水土流失

我国自然地理环境的特殊性，加上频发的自然灾害以及人为的不合理开发利用，导致水土流失问题严重，且该问题日趋恶化，成为我国农业生产面临的突出环境问题。据统计数据显示，我国每年约有37.1%的国土面积呈现不同程度的水土流失问题，30%流失现象较为严重。另外，据我国第二次遥感调查，在我国356万平方公里水土流失面积中，就水蚀面积而言，有水蚀面积165万平方公里，主要分布在长江上游和黄河中游等省（区、市）；就水土流失强度而言，83万平方公里水土流失面积为轻度流失，55万平方公里水土流失面积为中度流失，18万平方公里水土流失面积为强度流失，6万平方公里水土流失面积为极强度流失，3万平方公里水土流失面积为剧烈流失。

2. 土地荒漠化和沙化

荒漠化是指气候变化和人类活动等造成的土壤退化，而土地沙化则是指气候变化和人类活动导致的植被破坏、沙土裸露过程。两者都对生态环境有着很大的破坏，危害较大。据估计，我国的土地荒漠化面积为263.62万平方公里，占到了整个国土面积的27.46%，主要分布于全国18个省（区、市）的498个县（旗、市），分布相对集中，有98%的土地荒漠化集中在新疆、内蒙古、甘肃、西藏、青海、宁夏、陕西、河北8省（区）；土地沙化面积为173.97万平方公里，占到了整个国土面积的18.12%，且有31.9万平方公里的国土面积具有沙化的趋势，占到了整个国土面积的3.32%。土地荒漠化和沙化已成为我国最重要的农业生态问题。

3. 土壤盐碱化

土壤盐碱化是指土壤的含盐量太高（超过0.3%）。土壤盐碱化会导致土壤板结与肥力下降，破坏土壤生物特性，造成土壤生态破坏和作物生长不利。我国土壤盐碱化程度较高，就盐碱化土地面积而言，我国盐碱化土地有14.87亿亩，其中盐碱地有1.4亿亩，主要分布在新疆、河西走廊、柴达木盆地、河套平原、银川平原、黄淮海平原、东北平原西部，以及滨海地区；就土地盐碱化强度而言，我国有73%的盐碱化耕地属于轻度盐碱化，有27%的盐碱化耕地属于中强度盐碱化。我国盐碱化土地主要集中于干旱、半干旱和半湿润地区，本身的自然生态环境比较脆弱，盐碱化的发生或直接导致这些地区的生态破坏，或加剧了这些地区的生态破坏，加剧了我国的生态环境走向脆弱。

4. 酸雨

大气中的酸性物质是造成酸雨的主要原因。人类的经济活动，向大气中排放了大量的酸性气体物质，特别是硫化物和氮氧化物，直接导致了酸雨形成和加剧；我国的酸雨主要形成于高含硫量煤的燃烧和机动车尾气的排放。就酸雨分布而言，我国的北京、上海、南京、重庆和贵阳等地区不同程度上存在着酸雨污染，其中西南地区最为严重；但秦岭淮河以南、青藏高原以东的广大地区及四川盆地，华中、华南、西南及华东地区以及北方地区局部年均降雨的pH值低于5.6，也属于酸雨多发区。酸雨对水体、大气、土壤等都有严重的侵蚀作用，对生态环境的破坏较大。

5. 赤潮

赤潮是海洋生态系统中的一种异常现象，对海洋生态环境具有一定的破坏作用，赤潮主要是通过对海洋生态环境的破坏来影响近海渔业，继而影响人类健康。当发生赤潮时，鱼类的鳃部会聚集大量的赤潮生物，进而因缺氧而窒息，而其腐蚀需消耗大量的溶解氧，进而导致更多的海洋生物因缺氧死亡，同时排放有害气体和毒素，破坏海洋环境和海洋生态。总之，赤潮发生会导致海洋生物的死亡，并同时污染海洋环境，造成海洋生态破坏。

6. 自然灾害频繁发生

自然灾害在一定程度上造成了农业生态环境的破坏，自然灾害也是衡量农业生态破坏程度的一个重要指标。据统计，20世纪50年代以来，我国农业遭受各种自然灾害的总面积和总损失不断增加，如每年受灾面积在20世纪50年代为1 000万~2 000万公顷，70年代为2 000万~3 000万公顷，90年代为3 000万~5 000万公顷。进入21世纪，我国自然灾害造成的损失越来越大，如图2-9所示，我国自然灾害造成的受灾面积一直较高，2005~2014年间造成的受灾面积分别为3 881.8、4 109.13、4 899.2、3 999.0、4 721.4、3 742.6、3 247.1、2 496.2、3 135.0、2 489.1万公顷，影响了农业生态环境，其中，2013年我国自然灾害造成的受灾面积比2012年高出25.6%，严重破坏了农业生态环境。自然灾害的频繁发生，导致农业生态脆弱，影响了农业生态环境。

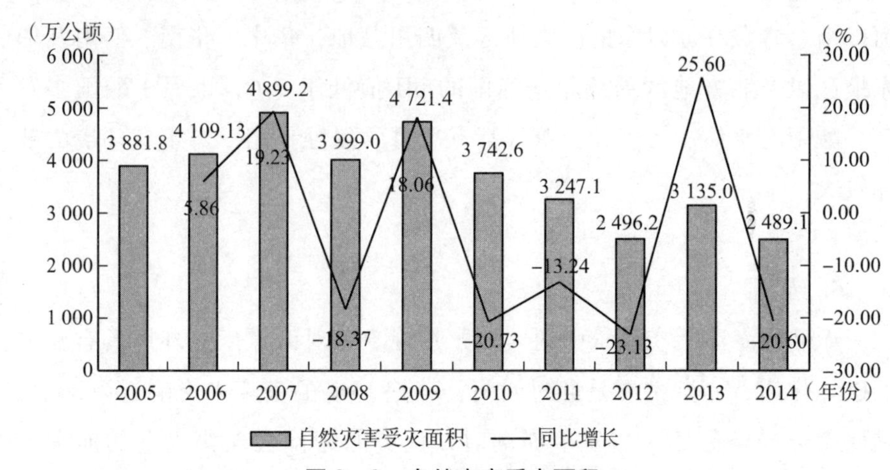

图 2-9　自然灾害受灾面积

资料来源：国家统计局网站。

3.3 本章小结

本章主要阐述了农业产业的生态功能和生态问题。生态功能方面，介绍了农业产业生态功能的内涵、作用、特点和构成，其中，农业产业能够调节气候、涵养水分、保持土壤、储存营养元素、维持进化、净化作用、维护生命系统平衡；农业产业的农业生态系统功能具有公共性、相关性、差异性、易损性；农业生态功能可以为人类提供生存资料和生活娱乐环境，为农业生物提供生存环境，促进可持续发展；农业生态功能主要包括生产功能、调节功能、净化功能和保护功能。生态问题方面，主要包括农业资源问题、农业环境问题、农业生物安全问题、农业生态问题，其中，农业资源问题主要表现在耕地资源危机、水资源危机、森林资源日益脆弱、湿地资源遭到破坏、草地资源日益衰减；农业环境问题主要表现在工业"三废"污染、农用化学品污染、农业废弃物污染、农村生活污水和垃圾；农业生物安全问题主要表现在生物多样性减少、外来物种入侵、转基因生物威胁；农业生态问题主要表现在水土流失、土地荒漠化和沙化、土壤盐碱化、酸雨、赤潮和自然灾害频发。

第3章

基于农业产业可持续发展的生态福利测度——以湖北省为例

农业经济发展的生态效率及可持续发展是使生态代价和社会成本付出最低的经济发展方式。农业生态福利反映了农业经济发展中生态资源投入与福利产出之间的关系，是衡量区域农业发展的生态效率及农业经济可持续发展的重要尺度。本研究试图尝试将传统人类发展指数与生态足迹模型应用于农业领域，以农业宏观数据为基础，构建现代农业产业的生态福利测度指数体系，从农业经济、社会和生态三个方面综合评价我国近20年来农业经济发展的生态效率及可持续发展现状，此研究具有重要的理论与现实意义。

3.1 文献回顾

“可持续发展”理念源于1987年联合国世界环境与发展委员会的《我们共同的未来》的报告，该报告诠释了可持续发展的内涵。但随着可持续发展理念的发展与研究的不断深入，其内涵向各个行业延伸，农业产业也不例外。农业产业的生态效率及发展的可持续性是在可持续发展理论与理念的引导下，为了实现农业产业发展的生态效率的提升及产业的可持续发展而付出的最小生态代价和社会成本。基于农业产业可持续发展视角的生态福利测度的关键在于：一方面，农业资源禀赋的持续利用是以达到农业产业产值最大化为目的；另一方面，随着时间的推移，农业人口的生态福利不断增长，至少能做到与前期相当的水平。简而言之，基于产业可持续发展的农业产业生态福利测度是以农业人口生态福利与农业生态资源消耗最后配置为基础的农业发展水平的衡量。鉴于此，以农业产业经济可持续发展为切入点的生态福利的测度的指标尺度要兼顾农业经济增长的积累与农业产业经济发展质量的提升，也即农业人口生态福利不断提高和农业生态可持续发展。我国农业经济实力整体较弱，生态效率较低，已经成为制约我国农业产业生态福利及产业可持续发展的“瓶颈”。我国农业产业发展是以生态环境的破坏为代价的，且存在持续恶化的趋势，直接殃及全国农业生态安全。由此，我国农业生态效率及产业可持续发展陷入了农业经济发展滞后—生态恶化—低产多灾的生态—农业生态及经济系统的恶性循环的低效发展模式。本研究在农业生态安全及产业可持续发展的战略契机背景下，要构建农业从业人员福利提升与治理、维护农业生态系统的农业产业发展模式，推进“三农问题”协同解决机制的完善，提高产业发展的生态性及发展的可持续性。随着我国西部大开发、中部崛起等全国性战略措施的展开，农业经济快速发展，城市化进程不断加快，但农业生态环境退化，农业生态安全及产业可持续发展形势十分严峻，城乡收入差距日趋扩大等问题日益突出。农业生态安全及可持续发展的重要性不言而喻，对区域农业生态安全及可持续发展具有不可替代的地位和作用。所以该选题研究具有重要的理论支撑与现实意义。

在日益严峻的现代农业产业发展形势下，国内外学者对该问题进行了多角度、深层次的研究与探讨。国内关于农业生态福利问题的研究较少且不规范，研究成果较少。其中较有代表性的学者及其观点主要有：樊雅莉（2009）突出强调了生态安全的本质是人与自然环境的协调、互动，而福利问题是以产业从业人员的生活质量、社会福祉为宗旨，其还指出，产业从业人员的生活环境与福利具有密切关系，生态福利在一定程度上可以说是社会福利的重要组成部分，且处在基础性的地位。农业生态福利产生于农业生产活动过程中，其最大的贡献是提升从业人员的生态意识，深化从业人员对农业生态福利及环境问题重要性的认知，增加产业发展的生态内涵衡量。福利内涵向生态质量的延伸与扩展意味着农业生态安全的重要性，以及缺少生态内涵的福利的不完整性。农业生态福利概念的提出颠覆了传统的福利观念，为福利问题领域的研究拓展了新的研究范畴与视野。产业生态福利概念的提出也意味着传统的物质福利观念向以生存环境为核心的生态福利观念的转变。张军（2009）系统梳理与总结了农业生态环境变迁的福利变化，马传栋（2002）等学者则从城市居民的生态福利视角进行了研究。张云飞（2010）对生态福利的内涵进行了简单明了的诠释，也即产业自然生态环境因素是影响产业从业人员生活质量的重要因子。他还进一步指出，农业生态福利的实现需要有自己的生态方向，也即将产业工人生存环境与产业发展的生态环境的有机结合与建设作为现代农业产业生态福利建设的导向，实现生态福利与社会福利的良性互动，为产业从业人员生活质量的持续提高提供保障。此外，樊雅莉（2009）还从社会化的视角对生态福利进行了大量研究，也即生态福利的社会化。

国内外学者及相关组织对生态福利及产业的可持续发展的评价进行了大量的研究与探讨，其评价问题更是成为领域内的研究难点、热点。研究成果大致在以下两个方面取得了较为丰富的成果与一致性观点：一个是建立在系统理论基础上的产业生态福利测度指标体系法，较具代表性的是联合国可持续发展委员会（1995）构建的“驱动力—状态—响应”（DSR）指标体系和中国科学院可持续发展研究小组（1999）的中国可持续发展指标体系；另一个是产业生态福利测度的评价指数法，根据侧重点的差异又进一步划分为三种：一是以经济发展为切入点的产业生态福利及可持续经济福利指数（ISEW），以戴利和考伯（Daly & Cobb，1989）为代表，考伯等（1995）经过后期进一步完善与延伸，提出真实发展指数（GPI）；二是联合国开发计划署（UNDP）在 1990 年提出的产业从业人员发展指数 HDI，是以社会发展为研究视角，阿马蒂亚·森（Amartya

Sen，1974）在此基础上又提出了福利水平指数；三是威廉·E·瑞斯等（William E. Rees et al.，1992）的生态足迹（EF），其以生态环境改善为切入点，后期美国耶鲁大学和哥伦比亚大学在生态足迹的基础上联合提出了环境可持续性指数（ESI）。

综合上述文献可以发现，基于产业可持续发展视角的生态福利测度的指标体系法综合反映了农业产业经济发展、产业社会效应以及生态功能的发展与协调程度，其缺点是体系指标过于复杂，不容易进行比较，而且体系内指标间的相关性较弱；评价指数也存在不均衡性的特点，不能全面评价农业产业的各方面福利状况，以人类发展指数为例，就忽略了产业发展对自然生态资源的消耗及对环境的损益，而生态足迹侧重的是从业人员对产业生态环境系统的影响，没有系统考虑经济与社会效应方面。综上研究现状，国内部分学者提出将多种评价指数结合起来，综合考量区域产业发展的生态效率及可持续发展问题，韩雪梅等（2011）学者首次结合产业从业人员发展指数与生态足迹法，以青岛市产业发展为例，系统探讨其可持续发展水平，而李瑞（2008）综合运用真实储蓄率法、产业从业人员发展指数、生态足迹以及系统协调指数等方法对唐山市经济、社会、生态的综合可持续发展水平进行了系统的测度与分析。但是上述研究存在一定的缺陷，只是进行指标的简单罗列及对比分析，未能实现这些指标的有机结合。

通过对已有文献的分析发现，当前基于产业可持续发展视角的福利问题研究在方法上存在较大缺失，而以产业可持续发展为切入点，系统研究农业产业的生态福利问题的文献未见报道。本研究首次界定与阐述了“农业产业生态福利指数”的概念，用以衡量农业产业发展的福利变化与生态损耗的相对变化趋势，实现了农业经济、农业生态以及农业产业社会效应的有机结合，构建了一套综合考虑农业产业发展社会效应和生态安全因素的量化指标体系。本研究所提出的农业产业生态福利指标体系仅限于衡量农业产业可持续发展的趋势，尚未完全考虑农业经济发展的绝对水平。

3.2 研究方法及数据来源

3.2.1 研究方法

1. 农业产业生态福利的测度模型

（1）农业产业生态福利模型

为了更加准确地反映以及测度农业产业的生态福利及产业的可持续发展，本研究引入产业生态福利的概念，用来衡量农业生产单位生态资源投入产生的社会福利水平。生态福利是农业产业发展以及社会进步的最终结果，是产业从业人员以及产业外部人员对产业生态效率提升的需求。伴随着经济社会的发展以及人类对生态环境改善的需求，福利观念逐渐由传统的经济福利观念向和谐的生态福利观念转变。传统福利观念是物质收入带给人们的效用。农业产业生态福利社会化不仅需要涵盖农业经济层面，还需要将农业从业人员的受教育程度、健康、生活质量等非经济层面的指标纳入进来。伴随着农业经济以及农村社会的发展，农业生态需求日趋旺盛，农业生态环境质量成为衡量农业产业生态福利的重要尺度，农业从业人员以及全人类农业生态需求的满足程度已经成为衡量生活质量的不可或缺的尺度，没有生态质量的福利是不完整的，也是将会被历史所抛弃的。农业产业生态福利以促进产业从业人员以及全人类的发展为最终目的，以自然生态资源损耗为基本投入，从而保证在合理与公平的资源消耗的制约下获取最高质量的农业经济发展。所以，农业产业生态福利综合了农业经济发展的社会和生态成本，可以有效地衡量农业产业的生态效率及产业经济的可持续发展。本研究以诸大建（2008）的研究方法为基础，并稍加细化，以农业从业人员的发展指数

（*AHDI*）来衡量社会福利水平，用生态足迹（*EF*）来衡量生态资源负荷，生态福利指数（*E*）则通过公式（3-1）来衡量。

$$E = \frac{\sum AHDI}{ef^*} \tag{3-1}$$

（2）农业从业人员发展指数模型

当前我国农业立体污染日趋严重、城乡收入差距持续扩大，农业生态安全、农村生态环境以及农业从业人员生态福利都面临前所未有的威胁。在此背景下，探讨农业从业人员的发展指数，以期提高农业从业人员的生态福利水平，提高其生活质量，具有一定的紧迫性和现实意义。农业从业人员发展指数反映了农业从业人员发展最重要的维度，也即生活质量的提高、受教育程度的提升以及寿命的延长，我们分别选取农业人均 GDP 指数、受教育指数和人均寿命指数来衡量。其中，农业从业人员的人均 GDP 指数的衡量按照购买力平价法（PPP）实际测度的农业人口的人均 GDP；农业从业人员的受教育指数以农业劳动力的识字率（2/3 的权重）和入学率（1/3 的权重）来测度；农业人口的寿命指数以农业人口的实际寿命来衡量。农业产业从业人员发展指数（*AHDI*）则根据农业产业从业人员的人均 GDP 指数、受教育指数以及寿命指数的简单平均值进行测度与衡量，其取值区间为（0，1），该指数越接近于 1，说明农业产业从业人员的发展水平越高。

$$\text{分项指数} = \frac{(\text{实际值} - \text{最小值})}{(\text{最大值} - \text{最小值})} \tag{3-2}$$

$$AHDI_t = \sum_{i=1}^{3} \frac{1}{3} x_{ti} \quad (i = 1,\ 2,\ 3) \tag{3-3}$$

式（3-3）中，$AHDI_t$ 表示第 t 年的农业产业从业人员的发展指数；x_{ti} 表示农业产业从业人员第 t 年的人均 GDP 指数、受教育指数及寿命指数。

（3）农业产业发展的生态足迹模型

国内外学者对经济发展的生态足迹进行了大量的研究与探讨，然而对农业产业发展过程中的生态足迹并未进行深入研究。研究农业产业发展的生态足迹及农业经济发展的生态代价具有重要的理论与现实意义。笔者认为，农业产业发展过程中的生态损耗也即其生态足迹，是衡量产业工人对农业自然资源的利用程度以及产业为农业人口及人类提供的生命支持服务功能，是反映农业产业从业人员及其他产业从业人员生态需求的指标。农业产业发展的生态足迹的测度借鉴了生态足迹的方法，基于农业产业从业人员自然资源损耗及废弃物产生数量，且资源投入与产出能转化为生物生产性物质。笔者在实际测度过程中，将农业从业人员的农产品消费转化为耕地面积，肉类食品折算为草地面积，林下经济产业折算为林地面积，水产品以一定的系数折算为养殖面积，非可再生能源消费则折算为开采用地，用建筑用地来衡量电力及热力的消费。为此，笔者将农业产业发展的生态足迹测度划分为两大部分，一部分是农业产业从业人员消费的生物资源足迹；另一部分是农业产业发展所需要的能源足迹。农业产业发展的生态足迹值越高，表明农业产业发展对相关生态资源的需求和损耗越大，农业产业发展的生态破坏就越严重。农业产业发展的生态足迹测度值越低，则隐含的经济意义为农业产业的发展对生态资源的利用效率较高，受外界的影响相对较小，生态资源维护良好。

农业产业发展生态足迹的一般模型为：

$$EF = N \times ef = N \times \sum \left(\frac{c_i r_i}{p_i}\right) \quad (i=1, 2, 3, \cdots, n) \tag{3-4}$$

$$ef^* = \frac{(\log 实际值 - \log 最小值)}{(\log 最大值 - \log 最小值)} \tag{3-5}$$

式（3－4）中，i 为农业产业发展过程中的资源消费种类，p_i 为第 i 种消费资源的平均生产能力，c_i 为第 i 种资源的农业人均消费量，r_i 为均衡因子，N 为农业从业人员数量，ef 为农业人均生态足迹，EF 为总的农业产业发展的生态足迹，ef^* 为农业产业发展的人均生态足迹指数。由于湖北省是农业大省，其农业发展的生态福利测度对全国农业省份具有较强的借鉴和指导意义，此外，根据统计数据的可获取性以及农业产业生态福利测度的便宜性，忽略了进出口数据。

2. 基于生态福利的农业可持续发展评价

农业产业发展的生态福利衡量了产业发展的生态资源禀赋投入与社会福利产出的关系。若生态福利提高，则表示产业的可持续性增强；反之，产业的可持续性随之减弱。笔者以农业产业生态福利指数为主要的衡量指标，判断区域农业产业发展的生态福利及产业持续发展的趋势。根据产业从业人员的发展指数和人均生态足迹的发展趋势，将其具体划分为以下四种情况：

（1）农业产业发展的生态效率提高，产业发展的可持续性增强。该情况是指农业产业从业人员发展指数提高而人均生态足迹降低，进而导致农业产业生态福利指数的提高，也即农业生态资源的低消耗会产生较大的福利效应，这种情况下的农业产业生态福利兼顾了产业发展与生态资源保护，是一种较高发展模式，是农业产业发展的高级阶段。

（2）农业产业发展的生态效率提高，产业发展的可持续性在增强。该种情况是农业产业从业人员发展指数与农业人口的人均生态足迹同时出现增长，但是农业从业人员的发展指数增长幅度大于人均生态足迹增长幅度，产业生态福利指数也呈现发展态势，该模式中产业的生态资源负荷呈现增强趋势但依然可控，产业可持续性呈现持续增强趋势。但该模式是以牺牲生态资源为代价，需要通过技术创新、资源管理制度的变迁以及农业产业结构的优化提升等手段获取发展；还有一种情况就是，农业从业人员发展指数与人均生态足迹呈现同时减少趋势，也会引致产业生态福利指数的提高，农业经济发展出现可持续性增强情况。但是后者是以农业劳动者以及其他行业的劳动力的生态福利的牺牲为代价，进而保护农业生态资源环境，该种模式一般存在于较为落后的发展中国家与地区，在农业产业发展的初级阶段采用，不适合当前我国的国情与民情。

（3）农业产业发展的生态效率降低，农业经济可持续性减弱。农业从业人员发展指数与农业人口人均生态足迹同时增加，但是农业从业人员的发展指数增长小于农业人口人均生态足迹的增加，将会带来农业产业发展生态效率的降低，进而引致农业产业生态福利的减少，这一模式在当前许多国家和地区中常见，也是主流模式，但是这种模式对农业产业发展生态效率的提高以及产业发展的可持续性具有较大威胁；此外，农业从业人员发展指数与农业人口人均生态足迹同时减少，当农业从业人员的发展指数减少幅度大于农业人口的人均生态足迹时，也会带来农业产业生态福利的减少。

（4）农业产业发展生态效率及产业发展的不可持续。农业从业人员发展指数降低的同时，农业人口的人均生态足迹增加，导致农业产业生态福利指数降低。这是一种农业产业发展的倒退，该种模式是不可持续的。

综上四种情况，我们可以看出农业产业发展的生态效率的提高，也即农业产业发展生态指数的提高对衡量农业产业可持续发展具有不可替代的作用，非常重要。

3.2.2　数据来源与处理

在农业从业人员发展指数的测度中，根据数据的可获取性以及国内官方统计数据，没有获得按照购买力平价法计算的区域农业人均GDP，因此，笔者采用按人民币测度的农业人均GDP，同时，本研究在一定程度上还需要进行国际比较，为了方便进行各国间的纵向与横向比较，借鉴赵志强（2005）的处理方法，并根据农业产业的实际情况以及城乡收入差距的发展趋势，将最大值设定为23 729元，最小值设定为178元。农业从业人员的受教育指数是由农业劳动力的识字率与入学率综合测度而来的，其中笔者将农业劳动力及识字率的数据选取做出必要的界定，受教育指数测度中的农业劳动力识字率是指年龄在15周岁以上且能够读懂并写出日常生活相关内容的人数比重，该比重的测度主要根据15

周岁及以上农业劳动力的文盲及半文盲比重测度得出；农业劳动力的入学率界定为小学、中学及大学等各级教育的农业人数占官方规定的教育适龄人口的比重，其取值范围为0～100%。农业产业从业人员出生时的预期寿命是指农业人口群体按照某一时期各个年龄阶段的死亡水平计算平均可以存活的时间，一般来说，用这一指标来衡量与表示农业人口群体的预期寿命，阈值为25～85岁。数据均来自1991～2010年《湖北统计年鉴》《中国统计年鉴》《中国人口统计年鉴》《中国人类发展报告》，缺失数据文中采取内插法和指数平滑法推算得到。

农业产业发展的生态足迹测度是借鉴了国家层面经济发展的生态足迹的测度方法，只是将研究的范围向农业产业领域进行了可行性拓展，在研究领域与结论上尝试获取一些新的经验。农业产业发展的生态足迹测度中，生物资源的损耗及消费向生物资源面积转化中，采用的是联合国粮农组织（FAO）1993年公布的相关数据；能源消费折算为生产土地面积，是以世界上单位化石燃料生产土地面积的平均发热量为标准测度的。均衡因子的选取借鉴了瓦克纳格等（Wackernagel et al.，1996）的部分研究成果。阈值数据来源于世界自然基金会（WWF）的《2004地球生态报告》，报告中人均生态足迹最小值取为0.3公顷，最大取值为9.9公顷，其他如湖北省农业资源种类、资源消费量、能源生产能力、农业人均资源消费量等数据获取均来自1991～2010年《湖北统计年鉴》《中国统计年鉴》《中国人口统计年鉴》。

3.3 实证分析

3.3.1 农业从业人员发展指数动态分析

采用农业产值指数、农业人口的受教育指数与农业人口预期寿命指数来衡量与测度农业从业人员的发展指数，测度结果显示：湖北省在1990～2011年期间，农林牧渔业总产值指数呈现稳步快速增长趋势；农业人口受教育程度指数呈现微弱的波动上升趋势，在一定程度上反映出湖北农业人口教育普及工作取得了一定的成就，但是并未取得突破性进展；农业人口预期寿命指数是反映农民生活质量的重要指标，测度结果显示，1990～2011年湖北省农业人口预期寿命指数呈现微弱的上升趋势，在一定程度上说明了农民生活质量改善取得了一定的成果，但是农民生活质量并未实现大幅提升。综合湖北省1990～2011年农业总产值指数、农业人口受教育指数、农业人口预期寿命指数测度结果及发展趋势来看，三者均呈现不同程度的增长趋势，三者的全面增长为湖北省农业人口发展指数的增长奠定了良好的基础。湖北省1990～2011年农业人口发展指数呈现较快的稳定增长速度，湖北省三农问题的解决向良性可循环的方向发展（见表3－1、图3－1）。

表3－1　湖北省1990～2011年农业人口发展指数、人均生态足迹和生态福利指数

年份	农业产值指数	农业人口教育指数	预期寿命指数	农业人口发展指数	生物资源足迹	能源生态足迹	人均生态足迹	生态福利指数
1990	0.3116	0.6829	0.7556	0.5834	0.5086	0.4082	0.9168	1.9089
1991	0.3234	0.6953	0.7609	0.5932	0.5231	0.4245	0.9476	1.8780
1992	0.3553	0.7027	0.7667	0.6082	0.5357	0.4363	0.9720	1.8773
1993	0.3912	0.7206	0.7702	0.6273	0.5886	0.4854	1.0740	1.7523
1994	0.4239	0.7386	0.7736	0.6454	0.5392	0.4691	1.0083	1.9202
1995	0.4586	0.7394	0.7787	0.6589	0.5626	0.5401	1.1027	1.7926
1996	0.4835	0.7241	0.7823	0.6633	0.6177	0.5667	1.1844	1.6801
1997	0.5013	0.7521	0.7889	0.6808	0.5989	0.5828	1.1817	1.7283
1998	0.5133	0.7811	0.7834	0.6926	0.6841	0.5798	1.2639	1.6440
1999	0.5268	0.7949	0.7878	0.7032	0.6371	0.5189	1.1560	1.8248
2000	0.5445	0.8587	0.8023	0.7352	0.6443	0.4711	1.1154	1.9773
2001	0.5637	0.8291	0.8067	0.7332	0.6316	0.5190	1.1506	1.9116

续表

年份	农业产值指数	农业人口教育指数	预期寿命指数	农业人口发展指数	生物资源足迹	能源生态足迹	人均生态足迹	生态福利指数
2002	0.5802	0.8173	0.8112	0.7362	0.6816	0.5294	1.2110	1.8239
2003	0.6024	0.8389	0.8156	0.7523	0.7062	0.6508	1.3570	1.6632
2004	0.6369	0.8392	0.8201	0.7654	0.7814	0.8251	1.6065	1.4293
2005	0.6719	0.8301	0.8245	0.7755	0.8128	0.9300	1.7428	1.3349
2006	0.7015	0.8658	0.8290	0.7988	0.7121	0.9591	1.6712	1.4339
2007	0.7334	0.8970	0.8334	0.8213	0.7204	0.9976	1.7180	1.4341
2008	0.7726	0.9289	0.8379	0.8465	0.7858	1.1785	1.9643	1.2928
2009	0.7905	0.9379	0.8423	0.8569	0.7752	1.3361	2.1113	1.2176
2010	0.8037	0.9432	0.8645	0.8705	0.7946	1.4226	2.2172	1.1778
2011	0.8254	0.9579	0.8726	0.8853	0.7891	1.5137	2.3028	1.1533

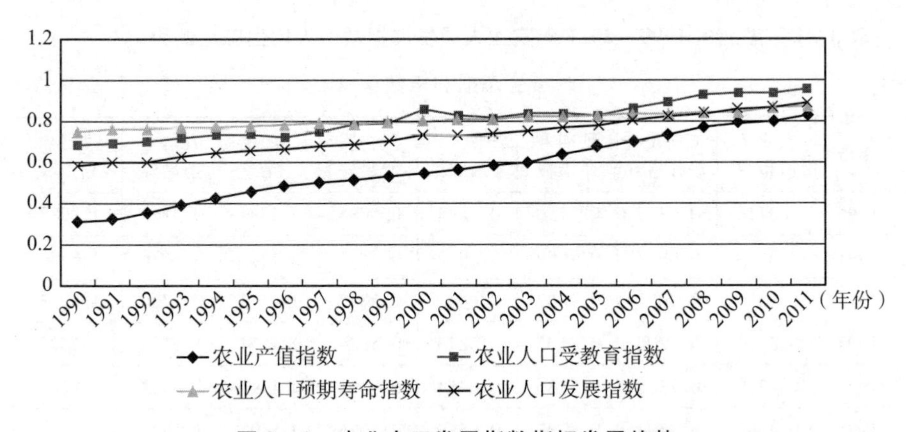

图3－1　农业人口发展指数指标发展趋势

但是我们也不难发现，在构成农业人口发展指数的三大指标指数中，农业总产值指数增速明显快于其他两个指数的增速，人均农业产值增速最快，而农业人口发展指数的增长远远低于人均农业产值的增长（见图3－1）。这在一定程度上说明，近20年来湖北省农业发展取得了显著成果，湖北省农业的快速发展对该省农业从业人员生活质量的提高具有不可替代的作用，贡献不可小觑，但是这种贡献呈现边际递减的趋势，贡献程度逐年下降。湖北省农业的快速发展带动了农民生活水平的提高，进而推动了农民增加人力资本投资，农业人口素质与质量不断提升，也在一定程度上促使了农村教育、医疗卫生等方面的全面提升，最终实现了湖北省农业人口发展指数的稳步提高，构造了农业产业生态福利可持续发展的良性循环模式。湖北省农业发展虽然取得了显著成效，但其总体发展水平依然与农业发达省份存在一定的差距，据《中国投资统计年鉴2011》数据显示，湖北省人类发展指数在全国排名第16位，在全国处于中等水平，严重制约了湖北省现代农业的发展，成为湖北省农业生态效率提升的重要阻碍因素。因此，湖北省农业发展任重道远，农村、农业发展事业有待继续提升。

根据曼弗里德·马克斯－尼弗（Manfred Max－Neef）的门槛假说，我们可以假定在一国经济发展过程中存在这样一个阶段，在这个阶段经济增长带来农民生活质量的改善到达一个转折点，也即门槛点，超过这个门槛点，经济增长的增量不但不会给国民带来福利增长，反而会使国民生活质量下降。这种现象被称作“经济增长的福利门槛”，该假设的提出暗示着一定的经济含义，也即单纯的经济增长不能实现一国或者地区的居民生活质量的持续改善。同时，以该假说为前提，我们必须在门槛点到来之前实现经济增长方式的转变，也即由量向质的转型。国内学者对此进行了延伸性和扩展性的研究，诸大建（2008）在前人的研究基础之上，提出了经济增长的经济福利门槛和生态福利门槛，为生态福利问题的深化研究奠定了基础。数据分析显示，1990～2011年，湖北省农业人口发展指数与农业人均产值呈现同时增加的趋势，但是随着农业人均产值的迅速增长，农业人口发展指数增长趋势逐步放缓（见图3－2）。通过这一现象，我们可以推断，随着湖北省农业经济的快速发展，农业经济增长带来的经济福利和生态福利门槛还未到达，但是增速放慢，意味着在向门槛值靠近。换句话说，湖北省近20年的农业发展模式已经不适应当前生态需求日盛的形势，农业经济增长的生态福利门槛将很快到达。当务之急，湖北省应注重农业经济增长的质量，由片面的追求农业产值的发展模式向追求农业从业人员全面发展与农业生态资源保护的发展模式转变，以达到延长农业经济增长的生态福利门槛的到来时间。

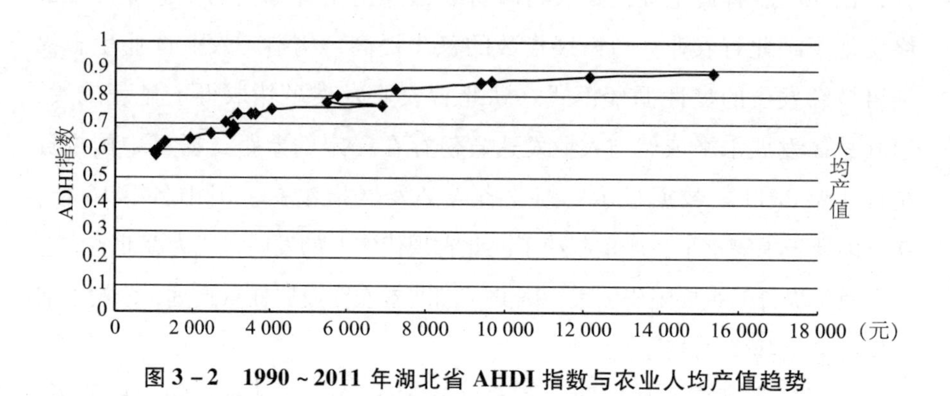

图 3-2　1990~2011 年湖北省 AHDI 指数与农业人均产值趋势

3.3.2　农业产业发展生态足迹的动态审视

在 1990~2011 年期间，湖北省农业人口的人均生态足迹呈现快速上升的发展态势，乡村人口呈现波动下降趋势，较之 1990 年，2011 年湖北省农业人口下降 28.6%，而农业人口的人均生态足迹 22 年间增长了 2.5 倍。农业人口人均生态足迹的快速增长得益于农业生物资源足迹与能源生态足迹的同时增长，其中，农业生物资源足迹增长了 55.2%，而农业能源生态足迹亦快速增长，增长了 3.71 倍。湖北省 1990~2011 年间，在农业生态足迹的构成上，农业能源生态足迹的贡献较大，表现为农业能源生态足迹占人均生态足迹比例的迅速增长，农业生物资源足迹与能源生态足迹的比值由 1990 年的 1.25 变为 2011 年的 0.52。由此可以判断，随着现代农业的发展，人们对于生活必需品，如粮食、林产品等农业生物资源需求变化虽有增加，但是需求变化幅度不大，且变化相对缓慢，反而，现代农业的快速发展对能源的需求迅速增加，且增长幅度远远大于农业生物资源需求的增幅，以农业规模化、机械化为显著特征的现代农业的发展显著增加了化石燃料及土地利用等不合理的农业生产活动，导致农业人口的人均生态足迹增加，是农业生态环境持续恶化的重要原因。

1990~2011年期间，湖北省农业人均生态足迹与农业人均产值呈现显著的正相关关系（见图3-3）。这在一定程度上说明，湖北省近22年来的农业发展很大程度上是依靠生态要素的投入，农业经济增长的生态效率较低。但是我们从另一个方面来看，在1990~2011年湖北省万元农业产值占有的农业生态足迹却呈现快速的下降趋势（见图3-4）。这在一定程度上可以判断出，在湖北省近22年的农业发展过程中，人力资本、技术等要素对农业发展的贡献日趋显著，湖北省农业资源利用效率稳步提高，农业经济增长正在逐步实现转变，也即由单纯的农业资源投入带动农业发展的模式向提高资源利用效率带动农业发展模式的转变，湖北省22年来农业发展成果显著，但是我们依然不能忽略一个事实，也即湖北省农业生态环境承载压力依然存在，且日益加重。

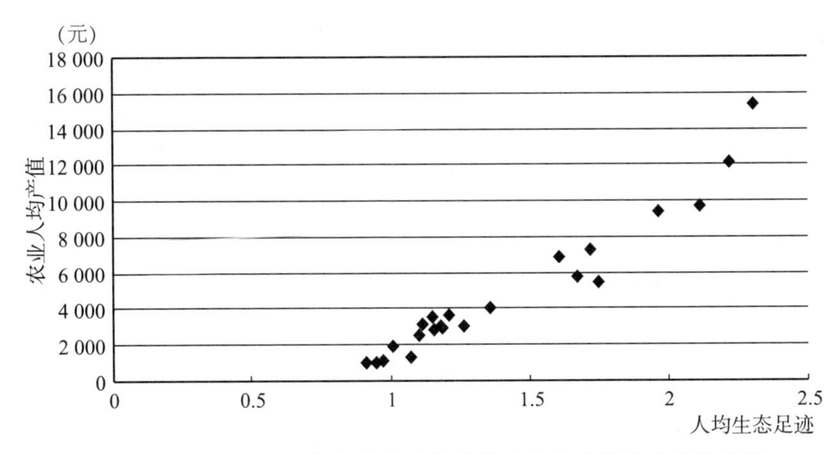

图3-3 1990~2011年湖北省农业人均产值与人均生态足迹趋势

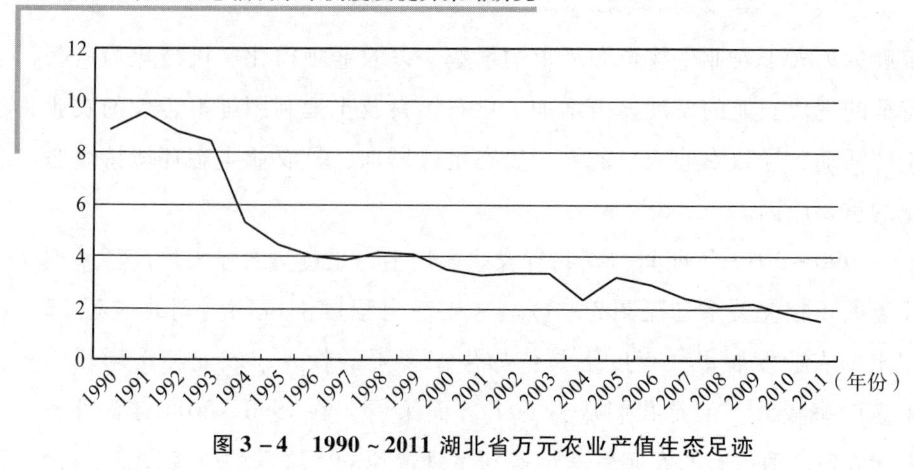

图 3-4　1990～2011 湖北省万元农业产值生态足迹

国外学者尼考路希（Niccolucci）、普赛利（Pulselli，2007）等对经济增长的生态门槛的内涵进行了界定：当一国经济发展实现从生态盈余向生态亏损转变的临界点时，会同时出现经济增长与福利增长的不同步增加。国内学者王伟等（2007）则将生态足迹的研究向国内省域扩展，其研究结论指出陕西省生态赤字初现端倪，且有城乡不断扩大的趋势。事实表明，陕西省的经济增长已经超越“生态福利门槛”，以牺牲生态环境为代价的经济发展模式是不可持续的，虽然陕西省的经济增长与生态福利之间仍然呈现同步增长，但是区域内的生态资源匮乏，生态环境十分脆弱，这种模式依然是不可持续的，同时，他指出了陕西省摆脱发展困境的有效路径，也即努力提高生态资源利用效率与生态环境的保护力度。

3.3.3　农业产业发展生态福利指数的动态审视

1990～2011 年期间，湖北省农业产业发展生态福利指数呈现波动下降趋势，且在 2000 年达到农业产业生态福利的峰值 1.9773。湖北省农业发展生态福利的演变大致可以划分为以下几个阶段（见图 3-5）：第一个阶段（1990～1993 年），湖北省农业产业生态福利指数呈现逐渐下降趋势，由 1990 年的 1.9089 下降到 1993 年的 1.7523，下降趋势较为平稳；第二个阶段（1993～1994 年），湖北省农业产业发展的生态福利指数上升，由 1993 年的 1.7523 上升到 1994 年的 1.9202，而农业人均生态足迹呈现上升趋势，在一定程度上说明湖北省农业产业发展对资源利用的压力加重；第三个阶段（1994～1998 年），湖北农业产业发展的生态福利指数呈现微弱波动下降趋势，由 1994 年的 1.9202 下降到 1998 年的 1.6440，且下跌速度明显加快；第四个阶段（1998～2000 年），湖北省农业产业发展的生态福利指数反弹，快速增加并达到生态福利指数峰值，由 1998 年的 1.6440 增加到 2000 年的 1.9773；第五个阶段（2000～2011 年），湖北省农业产业发展生态福利指数在微弱波动中呈现快速下降趋势，由 2000 年的峰值下降到 2011 年的 1.1533，其中 2000～2006 年下降幅度最大，2006 年以后农业生态福利指数下降趋势放缓。尽管湖北省农业产业发展的生态福利水平不断提高，但是由于农业产业的生态资源负荷的增长远远超过了生态福利的增长幅度，引致农业产业生态福利指数的波动下滑。

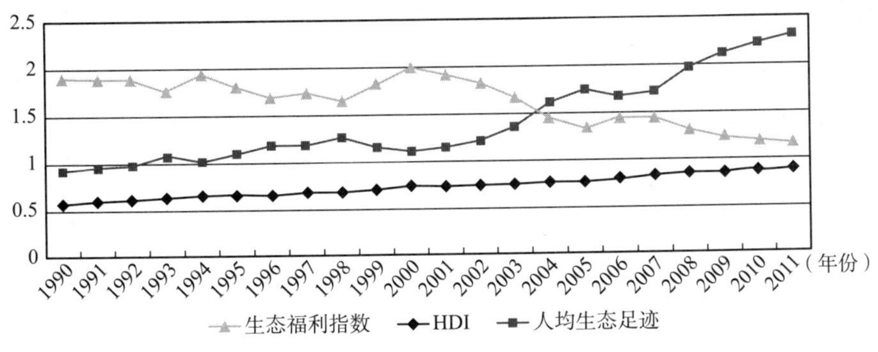

图 3－5　1990～2011 年湖北省农业产业生态福利指数、人口发展指数、人均生态足迹

综上结论，中部崛起战略的实施为湖北省经济与社会发展提供了巨大的发展契机，同时，湖北省农业发展也面临巨大的历史机遇，但是以农业机械化与规模化为特征的现代农业的发展对湖北省农业生态环境与资源造成了很大的压力。中部崛起战略实施以前，湖北省农业经济增长的生态效率较低，是建立在以生态环境与资源的过度开发为代价之上的。2004 年随着中部崛起战略的实施，以及人们生态环境意识的提高，农业生态资源利用效率在提升，开始注重农业生态环境的保护，但是农业产业发展的生态福利依然呈现下降态势。中部崛起战略的实施对湖北农业发展既是机遇，更是挑战。

3.3.4 农业产业可持续发展的动态分析

运用农业产业发展的生态福利指数变化来分析与评价湖北省农业产业发展的可持续性，可知：1990 ~ 2011 年湖北省农业产业发展的演变可以划分为三个阶段，经历了由可持续性减弱到增强再到减弱的变化。从湖北省农业产业生态福利指数发展变化趋势来看：1990 ~ 1993 年，湖北省农业产业发展的生态福利指数呈现微弱的波动下降趋势，农业产业发展的可持续性减弱；1993 ~ 2000 年，湖北省农业产业发展的生态福利指数呈现波动上升趋势，农业经济社会快速发展的同时农业资源环境压力有所缓解，基本上实现了农业经济社会发展与生态环境资源的兼顾，是良性的可持续发展模式，农业产业的可持续性增强；2000 ~ 2011 年，湖北省农业产业发展的生态福利指数呈现波动下滑趋势，虽然农业经济社会发展水平有了较大提高，但是湖北省农业的跨越式发展给生态资源环境带来了巨大的压力，农业产业发展的可持续性减弱。因此，湖北省必须立足当前优势，以提高农村居民生活质量为前提，以减少农业人口生态足迹需求为手段，以弱化农业产业发展对自然资源的过度依赖为目的，以提高湖北省农业产业发展的生态福利，促进湖北省农业可持续发展为最终目标，实现向农业可持续发展模式的转变。

综上可知，单纯的以农业人口发展指数或农业人口生态足迹指数来衡量与测度一省或一国农业产业的可持续发展是片面的，而农业产业生态福利指数综合两者优缺点，能够更加客观全面地衡量与评价农业产业的可持续发展。同时，农业产业发展生态福利的提高对提高产业从业人员生活质量和改善农业生态环境具有重要作用，同时，农业产业生态福利指数还可以作为农业政策制定的依据。农业产业发展的生态福利指数较好地反映了湖北省农业经济社会发展的健康状况，对湖北省农业经济结构调整具有现实指导意义。

3.4 简要结论与启示

3.4.1 简要结论

本章通过对湖北省1990～2011年农业人口发展指数、农业人口的人均生态足迹和农业产业发展的生态福利指数进行动态分析与审视，得出了以下结论：第一，1990～2011年湖北省农业人口发展指数、农业人口的人均生态足迹与农业经济发展同步增长。第二，农业产业发展的生态福利指数呈现波动变化，总体呈现下降趋势，且在2000年达到农业产业生态福利的峰值1.9773，本研究将湖北省农业发展生态福利的演变划分为五个阶段：第一个阶段（1990～1993年），湖北省农业产业生态福利指数呈现逐渐下降趋势；第二个阶段（1993～1994年），农业产业发展的生态福利指数上升；第三个阶段（1994～1998年），湖北农业产业发展的生态福利指数呈现微弱波动下降趋势；第四个阶段（1998～2000年），湖北省农业产业发展的生态福利指数反弹，快速增加并达到生态福利指数峰值；第五个阶段（2000～2011年），湖北省农业产业发展生态福利指数在微弱波动中呈现快速下降趋势。尽管湖北省农业产业发展的生态福利水平不断提高，但是由于农业产业的生态资源负荷的增长远远超过了生态福利的增长幅度，引致农业产业生态福利指数的波动下滑。第三，1990～2011年湖北省农业产业发展的演变可以划分为三个阶段，经历了由可持续性减弱到增强再到减弱的变化。第四，1990～2011年，湖北省农业人口发展指数与农业人均产值呈现同时增加的趋势，但是随着农业人均产值的迅速增长，农业人口发展指数增长趋势逐步放缓。随着湖北省农业经济的快速发展，农业经济增长带来的经济福利和生态福利门槛还未到达，但是增速放慢，意味着在向门槛值靠近。换句话说，湖北省近20来年的农业发展模式已经不适应当前生态需求日盛的形势，农业经济增长的生态福利门槛很快到达。

3.4.2 启示

通过上述研究结论，我们可以得出如下启示：第一，湖北省1990～2011年期间，以规模化、机械化为特征的现代农业发展迅速，但是湖北省现代农业产业的发展是建立在农业生态与资源过度消耗基础上的，且农业产业发展的生态效率较低，虽然农业产业发展水平不断提高，但是其尚未完全摆脱高资源与能源消耗的发展模式。第二，湖北农业经济发展对农村人口的生态福利的提升具有不可替代的作用，但是这种贡献呈现出边际递减趋势，也即单位农业经济增量带来的生态福利逐年降低。因此，湖北省要提高农村居民生活质量，应该兼顾农业经济发展与农村居民的全面发展，关注农村居民的教育、医疗、文化等方面的建设，以及城乡收入差距发展的均衡性等问题。第三，湖北省农业产业发展的生态福利已经接近“生态福利门槛”，湖北农业产业经济发展的生态瓶颈越来越明显，降低农业产业发展中的生态资源消耗是有效路径之一。可以在以下两个方面做出有益的尝试：一方面是减少农业生物资源足迹，有效提高土地生产能力，以先进的农业技术为手段提高生态生产性土地的生产能力；另一方面是有效减少农业能源足迹，提高农业能源的综合利用效率，并积极调整农业能源消费结构，积极发展清洁能源。第四，转变农业发展思路，立足区域优势与资源优势，构建多层次、多元化的农业产业发展模式，大力发展生态农业、循环农业，实现农业经济、农村社会及农业生态的有机结合；积极调整农业产业结构，发展低能耗农业产业；增加农业科技投入，提高农业生态承载力；延伸农业产业链条，积极发展精深加工业，将农业自然资源禀赋优势向农业经济优势转变，实现农业产业规模化发展。

3.5 本章小结

本章内容主要基于农业产业可持续发展的视角，利用湖北省农业产业发展的相关数据，对农业产业发展的生态福利指数进行了测度与评价，通过实证分析获得了如下认知：①1990 ~ 2011 年期间，湖北省农业人口发展指数、农业人口的人均生态足迹与农业经济发展同步增长。②1990 ~ 2011 年期间，湖北省农业产业发展的生态福利指数呈现波动变化，总体呈现下降趋势，且在 2000 年达到农业产业生态福利的峰值 1.9773。③1990 ~ 2011 年期间，湖北省农业产业发展的演变可以划分为三个阶段，经历了由可持续性减弱到增强再到减弱的变化。④1990 ~ 2011 年期间，湖北省农业人口发展指数与农业人均产值呈现同时增加的趋势，但是随着农业人均产值的迅速增长，农业人口发展指数增长趋势逐步放缓。⑤湖北省农业经济增长带来的经济福利和生态福利门槛还未到达，但是增速放慢，意味着在向门槛临界点靠近。换句话说，湖北省近 20 年的农业发展模式已经不适应当前生态需求日盛的形势，农业经济增长的生态福利门槛很快到达。⑥湖北省以规模化、机械化为特征的现代农业发展迅速，但是湖北省现代农业产业的发展是建立在农业生态与资源过度消耗基础上的，且农业产业发展的生态效率较低，虽然农业产业发展水平不断提高，但是其尚未完全摆脱高资源与能源消耗的发展模式。⑦湖北农业经济发展对农村人口的生态福利的提升具有不可替代的作用，但是这种贡献呈现出边际递减趋势，也即单位农业经济增量带来的生态福利逐年降低。

此外，本章根据上述研究结论与认知得出了些许政策启示：①湖北省要提高农村居民生活质量，应该兼顾农业经济发展与农村居民的全面发展，关注农村居民的教育、医疗、文化等方面的建设，以及城乡收入差距发展的均衡性等问题；②湖北省农业产业发展的生态福利已经接近“生态福利门槛”，湖北农业产业经济发展的生态瓶颈越来越明显，降低农业产业发展中的生态资源消耗是有效路径之一。可以在以下两个方面做出有益的尝试：一方面是减少农业生物资源足迹，有效提高土地生产能力，以先进的农业技术为手段提高生态生产性土地的生产能力；另一方面，有效减少农业能源足迹，提高农业能源的综合利用效率，并积极调整农业能源消费结构，积极发展清洁能源；③转变农业发展思路，立足区域优势与资源优势，构建多层次、多元化的农业产业发展模式；④大力发展生态农业、循环农业，实现农业经济、农村社会及农业生态的有机结合；⑤积极调整农业产业结构，发展低能耗农业产业；⑥增加农业科技投入，提高农业生态承载力；⑦延伸农业产业链条，积极发展精深加工业，将农业自然资源禀赋优势向农业经济优势转变，实现农业产业规模化发展。

第4章

农业产业生态福利水平的绩效评价——基于农户调研数据

4.1 农业产业生态福利的模糊综合评价

农户是当前农业发展方式下的直接从业者和受益者，一方面农民是农业生产方式变革的主要践行者，另一方面农民是农业发展成果的最终分享者之一，由于农户的生产生活方式直接受到农业生产方式的影响，他们或多或少地对农业生产带来的生态改变有着切身感受和体会。为此本部分的研究就是借助于农户的调研数据明晰其对农业生产生态福利改变的感受与评判，这将是从微观角度对农业产业的生态福利进行测度的一次尝试。

4.1.1 数据来源及统计检验

1. 问卷的内容设计

为系统了解当前农业产业发展方式下，产业发展所产生的生态效益，我们于2012年6～8月深入到湖北房县、武汉江夏、湖北远安、重庆开县、河南西峡、江苏扬中等地进行了农户调查，调研期间的数据获取上主要使用了问卷调查、入户访谈或座谈的形式，为使数据收集上尽量做到准确客观，我们先后就调研方案做了多次讨论，征询了有关专家的意见。另外，为确保调研方案的有效实施，我们借助于暑期学生社会实践的机会组织10名学生于湖北房县土城镇开展了预调查，最终获得完善后的《农业产业生态福利水平测度的农户调查问卷》，该部门研究内容的定量分析部分就借助于这套问卷来展开。该份问卷主要囊括了两块内容：第一块内容主要目的在于了解农户的基本信息，比如家庭人口和劳动力数量、年龄、受教育程度、专业技能情况、年收入状况等；第二块内容侧重于了解当前农业产业发展方式下，受访农户就产业生态福利改变所获得的感受，问卷设计时将农业产业生态绩效划分为三部分，即当前农业生产方式对农业生产方式影响、对居民生活状况影响、对自然生态环境影响等，据此通过农户视角对当前农业发展方式的生态福利效应做一个定量评判，如题项“当前农业发展方式，您认为对化肥的节约利用有帮助吗?”“当前农业发展方式下，对当地农民环保意识的提高有帮助吗?”“当前农业发展方式，对当地土壤肥力改善有帮助吗?”等内容，被调查者需要填制一个五分量表完成回答，其中1 = “非常不明显或没有帮助”，5 = “非常明显或帮助很大”，1 ~5 刻度依次呈递进关系，而受访者得分代表其对题项的认同程度。这两次调研共涉及到湖北房县、武汉江夏、湖北兴山、重庆开县、河南西峡、江苏扬中等地有效农户问卷460份，其中湖北房县和兴山县作为中部山区的代表（分别为68份和62份），重庆开县作为西部平坝地区的代表（84份），河南西峡作为中部平原地区的代表（87份），江苏扬中作为东部农村代表（78份），武汉江夏农户作为城郊代表（81份）。在上述典型地区调查中，我们累计发放调研问卷472份，回收468份，回收率为99.15%。对问卷初步筛选整理后，最终获得有效问卷460份，有效问卷占到回收问卷总数的98.29%。

总体上看，调研对象囊括了不同经济发展阶段的农户，调研对象的具体情况详见表4－1。对以上460份农户调研问卷整理与统计分析后发现：①每户平均人数为3.65人，其中劳动力户均2.34人，仅1.30%比例的农户户主性别是女性；②受访农户家庭老龄化倾向明显且文化水平普遍不高。调查分析结果表明，户主平均年龄高达44.32岁，其中年龄为40岁及以上的户主占到了绝大多数份额，比例为78.26%；户主学历层次在小学及以下的比例为18.06%，且中西部地区的受访农户户主在该区间段上比例差异不大，户主学历层次为高中及以上的比例偏小，仅为15.22%，相当多数比例的受访农户户主文化层次为初中；③受访农户家庭人员中多有常年从事农业生产的习惯，但其他技能缺乏也是目前农村劳动力的一个现实窘境。调查分析结果表明，77.83%比例的农户家庭仍常年从事农业生产，其中89.94%比例的受访农户需要在地里农忙3个月以上，当问及所有的受访对象是否具备其他专业才能时，仅有19.35%比例的农户拥有瓦匠、木工、建筑装修、缝纫、管理、开车等技能；④农业收入仍是大多数家庭收入的主要来源，但非农收入来源渠道方式日益丰富，如江苏扬中市某些农户以土地入股，年终不但可以获得经营收益，还能获得一定额度的公司分红；⑤被调查者几乎未参与到基层民主管理活动中，仅6户农户家庭中有村组干部；⑥受访农户所在地区交通都较为便利，采取的交通方式也渐趋多样。数据分析表明，受访农户赶集也是常规化活动，上街的主要目的，除了置备农业生产资料外，上街购物、送孙子上学、走亲访友已非常普遍，尤其是广大农村地区，摩托车或者小面包车等新兴方式多见，传统的步行方式，除少数大山中的农户外并不多见，此外骑行自行车的农户比例也很低。

表4-1　样本点基本信息与问卷的分布

调查方法	地区名称		2010年地区农民人均纯收入（元）	2011年地区农民人均纯收入（元）	有效问卷份数
典型调查结合随机抽样	中部农村	湖北兴山	4 275	5 016	62
		湖北房县	3 360	3 965	68
		河南西峡	6 512	—	87

续表

调查方法	地区名称		2010 年地区农民人均纯收入（元）	2011 年地区农民人均纯收入（元）	有效问卷份数
典型调查结合随机抽样	东部农村	江苏扬中	12 515	14 692	78
	西部农村	重庆开县	5 079	6 323	84
	城市郊区	武汉江夏	8 317	9 898	81
合计		—	—	—	460

资料来源：表中数据来自《湖北统计年鉴》（2012）、《江苏统计年鉴》（2012）、《重庆统计年鉴》（2012）、《河南统计年鉴》（2012）。

2. 问卷检验与模糊评价体系

得到问卷后为验证问卷的稳健性，研究中使用了信度分析的方法。信度主要是在于考察问卷结果的稳健程度，而计算信度系数的方法通用的几种分别是：克隆巴赫信度系数[①]、Alpha 信度、分半信度、Kuder – Richandson、Cuttman 分半信度。本研究中采用的是克隆巴赫信度系数法（cronbach's α）。按照信度系数的区段划分，一般来讲当 $\alpha<0.35$ 时为低信度，当 $0.35<\alpha<0.70$ 为中信度，而当 $0.70<\alpha$ 时则为高信度。通常认为当调查问卷的信度检验系数处于 0.7 以上时表明问卷结果稳定性较好，适宜用作研究分析。该项研究利用 SPSS 17.0 统计分析包对 460 份农户调研问卷作了信度分析，获得的 Cronbach's α 值为 0.786，由此认为调研问卷结果适合用于项目研究。此外，在保障问卷结果稳健性的同时，笔者还比较关注测验结果是否符合调研对象的真实情况，即通常所说的效度问题，研究时也借由 KMO 检验方法获得问卷效度值大于 0.7，由此认定问卷结果较贴近调研对象的真实情况，相关样本数据宜用作因子分析。最后巴特利检验 P 值小于 0.001，表明因子相关系数矩阵非单位矩阵能提取最少因子且又能解释大部分方差。相应的信度及效度检验结果详见表 4 – 2。

① Cronbach，L J. Coefficient alpha and the internal structure of tests. Psychometrika，1951（16）：297 – 334.

表 4－2　　问卷的信效度检验

<table>
<tr><th></th><th colspan="2">分析变量</th><th colspan="2">克隆巴赫信度系数</th><th>KMO 值</th></tr>
<tr><td rowspan="31">问卷设计内容</td><td rowspan="11">农业生产方式影响维度</td><td>化肥节约利用</td><td rowspan="11">0.744</td><td rowspan="31">0.786</td><td rowspan="11">0.771</td></tr>
<tr><td>农药节约利用</td></tr>
<tr><td>销售价格提高程度</td></tr>
<tr><td>缓解薄膜不规范使用</td></tr>
<tr><td>农业生产能力节约利用</td></tr>
<tr><td>水资源节约利用</td></tr>
<tr><td>土地资源节约利用</td></tr>
<tr><td>生产废弃物合理处置</td></tr>
<tr><td>畜禽粪便合理处置</td></tr>
<tr><td>农业建筑垃圾合理处置</td></tr>
<tr><td>农业生产结构朝环保型调整</td></tr>
<tr><td rowspan="10">居民生活状况影响维度</td><td>农民环保意识提高</td><td rowspan="10">0.756</td><td rowspan="10">0.785</td></tr>
<tr><td>村庄村舍环境改善</td></tr>
<tr><td>生活废弃物合理处置</td></tr>
<tr><td>缓解林木乱采滥伐</td></tr>
<tr><td>生活用能的节约</td></tr>
<tr><td>采用环保型建筑方式</td></tr>
<tr><td>低碳环保型出行方式</td></tr>
<tr><td>低碳环保型娱乐方式</td></tr>
<tr><td>呼吸道或肠胃性疾病发生率</td></tr>
<tr><td>疑难杂症疾病发生率</td></tr>
<tr><td rowspan="9">自然生态环境影响维度</td><td>土壤肥力改善</td><td rowspan="9">0.763</td><td rowspan="9">0.762</td></tr>
<tr><td>水土保持改善</td></tr>
<tr><td>气候改善</td></tr>
<tr><td>空气质量改善</td></tr>
<tr><td>河流及水文资源质量改善</td></tr>
<tr><td>地下水资源质量改善</td></tr>
<tr><td>丰富当地农业生物种群</td></tr>
<tr><td>林木或植被资源环境改善</td></tr>
<tr><td>渔业资源环境改善</td></tr>
</table>

在因子分析时有主成分分析法和主轴因子法、极大似然法（ML）和最小二乘法等确定因子变量的方法。该项研究中采用的是主成分因子分析，以最大变异法作正交转轴，利用回归方法估计因子得分，此外还遵照大多数学者研究论文中将因子符合大于0.4的问题项保留的原则。一是关于当前农业发展方式下农民生产方式影响维度的10项指标，其中剔除化肥节约、农药节约、水资源节约3项指标，另外7项指标予以保留，二是关于当前农业发展方式下农民生活状况影响维度的10项指标，其中剔除生活用能节约、低碳环保出行方式、疑难杂症发生率三项指标，其余的7项指标予以保留，三是关于当前农业发展方式下生态环境影响维度的9项指标，其中仅土壤肥力改善和水土保持2项指标予以保留，其余7项指标均被剔除（见表4－3）。因此，三个公因子共计提取了16项指标予以保留，上述三项公因子累计方差贡献率为54.51%，因此按照已有的相关结论，本研究的主成分分析结果较为合理。

表4－3　　主成分分析

	因子一	因子二	因子三
化肥节约利用	0.37		
农药节约利用	0.35		
缓解薄膜不规范使用	0.63		
农业生产能源节约利用	0.53		
水资源节约利用	0.35		
土地资源节约利用	0.41		
生产废弃物合理处置	0.47		
畜禽粪便合理处置	0.76		
农业建筑垃圾合理处置	0.51		
农业生产结构朝环保型调整	0.81		
农民环保意识提高		0.78	
村庄村舍环境改善		0.83	

续表

	因子一	因子二	因子三
生活废弃物合理处置		0.75	
缓解林木乱采滥伐		0.60	
生活用能节约		0.39	
采用环保型建筑方式		0.40	
低碳环保型出行方式		0.36	
低碳环保型娱乐方式		0.78	
呼吸道或肠胃性疾病发生率		0.55	
疑难杂症疾病发生率		0.33	
土壤肥力改善			0.63
水土保持改善			0.75
气候改善			0.38
空气质量改善			0.31
河流及水文资源质量改善			0.32
地下水资源质量改善			0.37
丰富当地农业生物种群			0.29
林木或植被资源环境改善			0.36
渔业资源环境改善			0.39
特征值	1.72	1.56	2.34
方差贡献率（%）	23.42	16.73	14.36
累积方差贡献率（%）	23.42	40.15	54.51

因此根据上述公共因子所包含的信息，将以上三个主要因子分别界定为“生产方式影响维度因子”“生活状况影响维度因子”“生态环境影响维度因子”，相应的农业产业生态福利综合评价指标体系构造如图 4－1 所示。

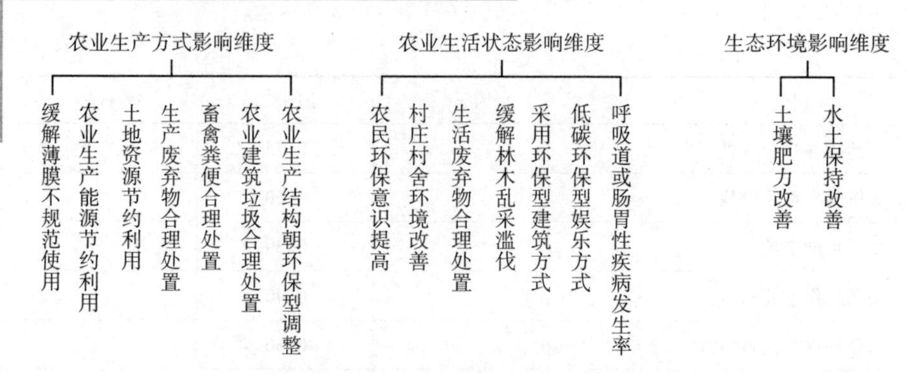

图 4-1　农业产业生态福利综合评价指标体系

4.1.2　农业产业生态福利评价各公共因子的描述性分析

从农户角度对当前农业生产方式生态福利测度的微观方面看，事实上考量的是农户就当前农业生产方式对生态方面影响的感受与认知，通过定量化处理，所获得的数据是有着客观和实际内容的。按照上述因子分析的结果，并结合本研究开展的目的，下文中将农业产业生态福利评价划分为"生产方式影响维度""生活状况影响维度""生态环境影响维度"三个维度。下文依据调研所获的460份农户问卷，将当前农业产业生态福利评价的各个维度予以描述性说明。

1. 当前农业生产方式对促进农户农业生产资源节约仍有较大提升空间

为全面了解当前农业生态方式下农户农业生产方式改善状况，研究时主要从"当前农业发展方式下，化肥、农药、农业生产能源、水资源、土地资源的节约利用情况""当前农业发展方式下，生产废弃物和畜禽粪便、农业建筑垃圾（如农业生产用房）的处置情况""当前农业生产方式下，农业产业结构调整情况"等方面进行说明。在当前的农业生产方式下，当问及对农户在化肥、农药和水等农业生产资源节约方面有何帮助时，统计分析结果表明，现实情况不容乐观，首先在化肥的节约利用上，仅有18.04%比例的被调查者认为当前的农业生产方式对其化肥的节约使用“帮助很大”或“帮助较大”，认为作用“一般”的农户比例高达44.57%，另外还有高达37.40%比例的农户认为作用“不大”或“没有帮助”；其次在农药的节约利用上，农户几乎给出了类似的答案，仅有将近比例为18%的农户认为当前的农业生产方式对农药的节约利用“帮助很大”或“帮助较大”，更大比例的农户认为帮助作用“不大”或“没有帮助”，分别为22.83%和16.30%，另外认为作用“一般”的农户占比最高，为43.04%；最后在水资源的节约利用上，情况未见好转，仅17.39%比例的农户表示当前的农业生产方式对其水资源节约“帮助很大”或“帮助较大”，近一半的农户表示“一般”，此外仍有36.30%的农户表示“帮助不大”或“没有帮助”。详细情况见表4-4。

表4-4　　农户生产资源节约利用情况（化肥、农药和水）

	化肥		农药		水资源	
	频次（人次）	占比（%）	频次（人次）	占比（%）	频次（人次）	占比（%）
帮助很大	15	3.26	10	2.17	18	3.91
帮助较大	68	14.78	72	15.65	62	13.48
一般	205	44.57	198	43.04	213	46.30
帮助不大	113	24.57	105	22.83	87	18.91
没有帮助	59	12.83	75	16.30	80	17.39
合计	460	100	460	100	460	100

另一方面，在当前的农业生产方式下，当问及对农户在塑料薄膜、农业生产能源和水资源的节约利用方面的情况时，数据分析结果表明，情况尚可，但仍有较大提升空间。首先在塑料薄膜的节约利用上，其中有高达40.22%比例的被调查者认为当前的农业生产方式对其塑料薄膜的节约使用“帮助很大”或“帮助较大”，认为作用“一般”的农户比例也高达40.22%，另外仅3.70%比例的农户认为“没有帮助”，认为帮助“不大”的农户比例未超过16%；其次在农业生产能源（如农业

柴油、农业生产用电）的节约利用上，比例为34.57%的农户认为当前的农业生产方式对生产能源的节约利用“帮助很大”或“帮助较大”，认为帮助“不大”或没有帮助的农户比例较小，为18.48%，另外仍有近47%比例的农户认为帮助作用一般；最后在土地资源的节约利用上，受国家宏观调控政策和农户环保意识的增强，调研结果显示农户土地节约利用情况向好，不到18%的农户认为当前农业生产方式对土地资源的节约利用帮助前景“不大”或“没有帮助”，近一半的农户表示“帮助很大”或“帮助较大”。详细情况见表4-5。

表4-5　农户生产资源节约利用情况（塑料薄膜、生产能源和土地资源）

	塑料薄膜		生产用能源		土地资源	
	频次（人次）	占比（%）	频次（人次）	占比（%）	频次（人次）	占比（%）
帮助很大	63	13.70	58	12.61	70	15.22
帮助较大	122	26.52	101	21.96	140	30.43
一般	185	40.22	216	46.96	168	36.52
帮助不大	73	15.87	65	14.13	58	12.61
没有帮助	17	3.70	20	4.35	24	5.22
合计	460	100	460	100	460	100

在农户农业种植结构调整上，当问及“当前农业发展方式，对农民农业生产结构朝环保型调整有帮助吗?”，有将近一半的农户认为当前农业发展方式有利于其农业产业结构朝环保型方向调整，其中回答“帮助很大”和“帮助较大”的农户比例依次为18.48%和30.87%，仅有比例为3.70%的农户表示“没有帮助”，另外还有将近37%比例的农户认为帮助“一般”。总体来看，农户更倾向于认可当前农业生产方式有助于其家庭农业生产结构朝着环保型方向发展。详细情况见表4-6。

表4-6 农户产业结构调整情况

	产业结构	
	频次（人次）	占比（%）
帮助很大	85	18.48
帮助较大	142	30.87
一般	170	36.96
帮助不大	46	10
没有帮助	17	3.70
合计	460	100

此外，当问及当前农业生产方式下，被调查对象对废弃物的处置情况时，发现当前农户对废弃物的处置更趋合理，多数受访对象环保觉悟较高，在行动上也体现的较为明显，循环利用率大幅提升（详见表4-7）。首先在当前农业生产方式对农户在农业生产废弃物的处理上，超过40%比例的农户认为“帮助很大”或“帮助较大”，认为“帮助不大”或者“没有帮助”的农户比例依次仅为16.96%或3.70%，另外还有不到39%比例的农户认为帮助“一般”；其次在当前农业生产方式对农户在畜禽粪便处理改善方面，发挥作用明显。超过一半的农户认为“帮助很大”或“帮助较大”，仅有3.26%比例的农户认为“没有帮助”，认为帮助“一般”的农户比例不到32%；最后在当前农业生产方式在改善农户生产建筑垃圾的处理的合理性上也表现得较为明显，比例为48.69%的农户表示当前的农业生产方式对其农业生产建筑垃圾的处理上“帮助很大”或“帮助较大”，认为“帮助不大”或者“没有帮助”的农户比例依次为10.65%和3.26%。

表4-7 农户生产废弃物的处置情况

（生产废弃物、畜禽粪便、建筑垃圾）

	生产废弃物处置		畜禽粪便处置		建筑垃圾处置	
	频次（人次）	占比（%）	频次（人次）	占比（%）	频次（人次）	占比（%）
帮助很大	58	12.61	78	16.96	79	17.17
帮助较大	131	28.48	158	34.35	145	31.52

续表

	生产废弃物处置		畜禽粪便处置		建筑垃圾处置	
	频次（人次）	占比（%）	频次（人次）	占比（%）	频次（人次）	占比（%）
一般	176	38.26	143	31.09	172	37.39
帮助不大	78	16.96	70	15.22	49	10.65
没有帮助	17	3.70	15	3.26	15	3.26
合计	460	100	460	100	460	100

2. 当前农业生产方式就促进农户生活方式改善上仍不够明显

大力推进亲环境型居民生活方式，既是农业生产方式加快转变的最终目标之一，也是科学发展观的本质内涵。农户作为农业生产方式变革的直接推动者和受益者，对六个典型地区的460户农户开展随机调查，有利于了解当前的农业发展方式下，农村居民的环保意识、村庄居住环境、居民生活废弃物的处置、生活用能利用、建筑方式和出行方式等方面的具体变化。统计分析结果表明（见表4－8），有比例为56.08%的农户表示在当前农业生产方式下，对其所在地区农户环保意识的提升“帮助很大”或“帮助较大”，认为“没有帮助”或“帮助不大”的农户比例相对较小，依次为3.70%和16.96%，另外近24%比例的农户认为帮助程度“一般”。

表4－8　　农业生产方式变化对农户环保意识提升情况

	环保意识提升	
	频次（人次）	占比（%）
帮助很大	102	22.17
帮助较大	156	33.91
一般	107	23.26
帮助不大	78	16.96
没有帮助	17	3.70
合计	460	100

这一点可以通过另外一个题项予以验证，如表4－9所示。当问及农业生产方式变化给村庄居住环境带来的改善情况时，62.17%比例的农户认为当前农业生产方式对村庄居住环境的改善“帮助很大”或“帮助较大”，认为帮助程度“一般”的农户比例不到20%，而认为“帮助不大”或“没有帮助”的农户比例合计不到19%。事实上，农民的主观认识与我们到六区县走访的实际情况相吻合，所调研区域都修建起了村村通公路，不少地区的农村还统一建起了公厕和沼气池，村舍环境逐步好转。

表4－9　　农业生产方式变化对村庄居住环境改善程度

	村庄居住环境改善	
	频次（人次）	占比（%）
帮助很大	164	35.65
帮助较大	122	26.52
一般	91	19.78
帮助不大	68	14.78
没有帮助	15	3.26
合计	460	100

当问及受访农户在目前的农业生产方式下是否有利于促进农业生活垃圾的合理处置时，比例高达56.74%的被调查者认为“帮助很大”或“帮助较大”，认为“帮助不大”或“没有帮助”的农户比例仅为15.65%和6.30%（见表4－10）。因此，可以认定当前农业发展态势下，农民对生活垃圾的处置较为合理，生态文明在城乡进行普及已形成一定基础。

表4－10　　生活垃圾处置方式的合理程度

	频次（人次）	占比（%）
帮助很大	155	33.70
帮助较大	106	23.04
一般	98	21.30

续表

	频次（人次）	占比（%）
帮助不大	72	15.65
没有帮助	29	6.30
合计	67	100

当问及目前乡村是否还存在乱采滥伐的现象时，多数农户表示已很少见，这除了政府严格监管外，更多的农户认同是当前的农业增长方式发生改变所至。超过84%比例的农户认为当前农业发展方式对缓解乱采滥伐现象帮助作用在“一般”以上，其中认为“帮助很大”，“帮助较大”和“一般”的农户比例依次为35.87%、26.09%和23.26%，表示“没有帮助”的农户比例不到3%的比例（见表4－11）。

表4－11　　乱采滥伐缓解程度

	频次（人次）	占比（%）
帮助很大	165	35.87
帮助较大	120	26.09
一般	107	23.26
帮助不大	56	12.17
没有帮助	12	2.61
合计	67	100

农户生活方式朝着亲环境方面的改善程度，是评价当前农业发展方式生态福利的重要内容，为此针对此项内容，在调研中共设计了“当前的农业生产方式，对农村居民生活用能节约利用、环保型建筑方式、环保型出行方式、环保型娱乐方式的促进作用”这样四个题项。调研结果显示，认为当前农业生产方式对生活用能节约利用“帮助很大”和“帮助较大”的农户比例合计不足34%，与此同时认为“帮助不大”或

“没有帮助”的农户比例高达34.14%，另外还有31.96%的农户认为“一般”；其次，统计分析还表明：当前的农业发展方式对农户寻求环保型出行方式的促进作用也不太明显，仅有30.44%比例的农户表示“帮助很大”或“帮助较大”，高达33.26%比例的受访对象认为“帮助不大”或“没有帮助”，认为程度“一般”的农户比例也高达36.30%。另外还得知，当前农业生产方式对农户建筑方式和娱乐方式朝环保型方向的促进作用较为理想，其中认为对建筑方式朝环保型方向发展“帮助很大”或“帮助较大”的农户比例为40.87%，认为对娱乐方式朝环保型方向发展“帮助很大”或“帮助较大”的农户比例为41.09%（见表4－12）。

表4－12　　　　对生活方式朝环保型改善的情况

	生活用能		建筑方式		出行方式		娱乐方式	
	频次（人次）	占比（%）	频次（人次）	占比（%）	频次（人次）	占比（%）	频次（人次）	占比（%）
帮助很大	63	13.70	68	14.78	51	11.09	78	16.96
帮助较大	93	20.22	120	26.09	89	19.35	111	24.13
一般	147	31.96	135	29.35	167	36.30	144	31.30
帮助不大	123	26.74	97	21.09	108	23.48	89	19.35
没有帮助	34	7.40	40	8.70	45	9.78	38	8.26
合计	460	100	460	100	460	100	460	100

此外，当前农业发展方式对农村居民生活所处的生态环境影响的一个重要内容体现就是：农村居民患胃肠道疾病或呼吸道疾病，以及居民患疑难杂症的状况。这也是当前农业生产方式的生态福利的重要内涵。调研中发现，一方面当前的农业生产方式对农村居民消化和呼吸道疾病的改善作用相对明显，认为“非常明显”或“比较明显”的农户比例依次为18.91%和22.83%，认为“不太明显”和“非常不明显”的农户比例依次为15.87%和8.48%，认为程度“一般”的农户比例为

33.91%；另外一方面，认为当前农业生产方式对农村居民疑难杂症患病率的改善"非常明显"或"比较明显"的比例合计超过35%，而认为"不太明显"或"非常不明显"的农户比例也超过了35%。综合分析认为，除了农业生产方式发生巨大转变外，随着农村社会保障制度的建立，尤其是农村新型合作医疗体系的逐步完善，农村居民在常规性疾病上获得的保障程度更高，而在疑难问题上仍缺乏应有的保障，上述内容见表4－13。

表4－13　　居民患病的改善程度

	消化和呼吸道疾病改善情况		疑难杂症改善情况	
	频次（人次）	占比（%）	频次（人次）	占比（%）
非常明显	87	18.91	72	15.65
比较明显	105	22.83	91	19.78
一般	156	33.91	135	29.35
不太明显	73	15.87	99	21.52
非常不明显	39	8.48	63	13.70
合计	460	100	460	100

3. 当前农业生产方式就促进农村生态环境上存在诸多不足

当前的农业发展方式巨变是加快发展方式转变在农业领域的体现，是生态文明建设的重要组成部分。前面两小节的内容是就当前农业发展方式对农户生产和生活方式两方面改善所发挥的作用，这一小节则从农业发展方式对农村自然生态环境改善所产生的生态福利方面着重加以阐述。以下内容分别从当前农业发展方式对农业气候、农业水文地质条件、对农业生物资源改善等方面的情况分别予以分析。调研数据显示：当前农业发展方式对改善当地农业气象环境作用不明显，其中仅34.13%比例的农户认为对改善农业气候"帮助很大"或"帮助较大"，认为对改善空气质量"帮助很大"或"帮助较大"的农户比例仅为10.22%和

19.78%，另外有比例分别为10%和13.70%的农户认为当前农业发展方式对农业气候改善和空气质量提升“没有帮助”（见表4－14）。

表4－14　　对农业气象改善情况

	气候改善情况		空气质量改善情况	
	频次（人次）	占比（%）	频次（人次）	占比（%）
帮助很大	58	12.61	47	10.22
帮助较大	99	21.52	91	19.78
一般	154	33.48	152	33.04
帮助不大	103	22.39	107	23.26
没有帮助	46	10	63	13.70
合计	460	100	460	100

在问及当前农业发展方式对农村水文条件带来的影响时，调研中共设计了四个题项，分别是“当前农业发展方式，对当地土壤肥力改善有帮助吗?”“当前农业生产方式，对当地水土保持改善有帮助吗?”“当前农业发展方式，对当地河流及水文资源质量（如降低酸碱度）改善有帮助吗”“当前农业发展方式，对当地地下水资源质量（污染，生产生活适应性）改善有帮助吗?”调研发现较大比例的农户认为当前农业生产方式对土壤肥力和水土保持能力提升上作用较大（见表4－15），回答“帮助很大”的农户比例依次为19.35%和17.83%，回答“帮助较大”的农户比例依次为24.35%和26.52%，两者合计依次为43.70%和44.35%，同时两者回答“没有帮助”的农户比例均不足8%，认为“帮助不大”的比例均没超过20%；而在“当前农业生产方式对河流、水文资源及地下水资源”带来的影响方面，分别有30.44%和37.83%比例的农户认为“帮助很大”和“帮助较大”，同时回答“没有帮助”的农户比例也有提高，依次为13.70%和10%，另外还有依次比例为21.52%和22.17%的农户表示“帮助不大”。因此综合分析认为，当前

农业增长方式对土壤质量保持有较大积极作用，然而日益恶化的水环境应该引起足够的注意。

表 4－15　　对农村水文条件改善情况

	土壤肥力		水土保持		河流及水文资源		地下水资源	
	频次（人次）	占比（%）	频次（人次）	占比（%）	频次（人次）	占比（%）	频次（人次）	占比（%）
帮助很大	89	19.35	82	17.83	54	11.74	73	15.87
帮助较大	112	24.35	122	26.52	86	18.70	101	21.96
一般	145	31.52	137	29.78	158	34.35	138	30
帮助不大	79	17.17	92	20	99	21.52	102	22.17
没有帮助	35	7.61	29	6.30	63	13.70	46	10
合计	460	100	460	100	460	100	460	100

此外，关于当前农业生产方式对农户所在地区生物资源影响方面一直是社会关注的焦点问题，本项研究中有三个题项涉及该方面的内容，分别是："当前农业发展方式下，对丰富当地农业生物种群有帮助吗？""当前农业发展方式下，对林木或植被资源环境改善有帮助吗？""当前农业发展方式下，对渔业资源环境改善有帮助吗？"。统计分析表明（详见表4－16），当前农业生产方式对农业生物资源环境改善程度并不明显，分别只有34.34%、33.27%、39.57%比例的农户认为当前农业方式对当地农业生物群落、林木资源、渔业资源恢复和增长带来"很大"和"较大"的积极影响，同时仍有比例为32.39%、35.22%、30.44%的农户认为"帮助不大"或"没有帮助"，另外还有比例为19.35%、20.65%、21.09%的农户认为帮助程度是"一般"。单纯调研数据的描述性分析看出，当前农业方式转变对农业生物资源环境的积极影响尚待加强，在政策层面上的启示就是要注重优化产业结构，强化农业产业发展质量，积极推进"两型"农业建设实践走向深入。

表 4－16　　农业生物资源环境改善情况

	农业生物种群		林木或植被资源		渔业资源	
	频次（人次）	占比（%）	频次（人次）	占比（%）	频次（人次）	占比（%）
帮助很大	56	12.17	67	14.57	70	15.22
帮助较大	102	22.17	86	18.70	112	24.35
一般	145	31.52	145	31.52	138	30
帮助不大	89	19.35	95	20.65	97	21.09
没有帮助	60	13.04	67	14.57	43	9.35
合计	460	100	460	100	460	100

4.2 农业产业生态福利的综合模糊测度

延续上述分析，将当前农业产业生态福利作为研究主要内容，依然借助实地获得的 460 农户调研问卷，试图从微观角度测度出农业产业生态福利数值，这是对前一章内容的重要补充。下文所采取的主要方式是模糊综合评价法。

4.2.1　明确评价因素集 U

将评价的集合定义为 U，按照图 3－1 的指标体系，当前农业产业生态福利的农户微观评价集合可以写作：$U=(U_1, U_2, U_3)$，式中的 $U_i(i=1, \cdots, 3)$ 就是前文构造的生产方式影响因子、生活方式影响因子、自然生态环境影响因子等评价因素。

这其中评价因子集为：

$$U_1=(U_{11}, U_{12}, U_{13}, U_{14}, U_{15}, U_{16}, U_{17});$$

$$U_2=(U_{21}, U_{22}, U_{23}, U_{24}, U_{25}, U_{26}, U_{27});$$

$$U_3=(U_{31}, U_{32})$$

4.2.2 给出评价集 V

当前农业产业生态福利的农户微观评价集表述为 $V=(V1, V2, V3, V4, V5)$（即帮助很大或非常明显、帮助较大或比较明显、一般、帮助不大或不太明显、没有帮助或非常不明显），具体折算标准参见表 4-17。

表 4-17　　农业产业生态福利的农户微观评价集及折算标准

评价集	描述	五分量	折为百分制	选项赋值	折算数值
V1	帮助很大/非常明显	4 分以上	85 分以上	5	90
V2	帮助较大/比较明显	3.25 ~4 分	75 ~85 分	4	80
V3	一般	2.55 ~3.25 分	65 ~75 分	3	70
V4	帮助不大/不太明显	1.85 ~2.55 分	55 ~65 分	2	60
V5	没有帮助/非常不明显	1.85 分以下	55 分以下	1	50

4.2.3 明确评价指标权重集 A

进一步明确评价指模糊层次分析法，此外还借助了主成分因子分析结果来对指标权重集 A 加以明确。一是把各因子负荷和方差贡献率进行两两比较，进而得出判断系数矩阵 $M_i(i=1, 2, 3)$ 及 M。

$$M_1=\begin{pmatrix} 1 & 0.873 & \cdots & 1.325 \\ 1.072 & 1 & \cdots & 1.121 \\ 1.28 & 1.08 & \cdots & 1.085 \\ 0.789 & 0.758 & \cdots & 1.056 \\ 0.748 & 0.735 & \cdots & 0.978 \\ 0.659 & 0.647 & \cdots & 1.004 \\ 0.878 & 0.865 & \cdots & 1 \end{pmatrix};\ M_2=\begin{pmatrix} 1 & 1.175 & \cdots & 0.929 \\ 0.872 & 1 & \cdots & 1.023 \\ 1.018 & 1.321 & \cdots & 1.067 \\ 0.938 & 1.258 & \cdots & 0.936 \\ 1.123 & 1.015 & \cdots & 0.954 \\ 0.959 & 0.947 & \cdots & 1.206 \\ 0.978 & 0.845 & \cdots & 1 \end{pmatrix}$$

$$M_3=\begin{pmatrix}1 & 0.939\\ 1.215 & 1\end{pmatrix};\ M=\begin{pmatrix}1 & 1.163 & 1.352\\ 0.876 & 1 & 0.965\\ 0.677 & 0.92 & 1\end{pmatrix}$$

二是按行就 $M1$、$M2$、$M3$、M 中的各分量做乘法运算，之后取每行乘积数的集合平均数，如此操作将依次得到 7 维、7 维、2 维、3 维等 4 个列向量，其中 $A1\sim A3$ 中各分量与各二级指标权重分别对照，A 各分量则与各一级指标权重分别对照。

$A_1=(1.123\quad 1.076\quad 1.035\quad 0.898\quad 0.862\quad 0.721\quad 0.783)$；

$A_2=(1.082\quad 0.998\quad 1.123\quad 1.017\quad 1.065\quad 1.073\quad 0.946)'$；

$A_3=(0.969\quad 1.068)'$；

$A=(1.163\quad 0.946\quad 0.854)'$.

三是对上述四个列向量归一化处理，最终获得各评价指标权重向量 $A1'$、$A2'$、$A3'$和权重集 A'。另外归一化处理后的四个列向量各分量和权重相对照情况如上所述。

$A_1'=(0.173\quad 0.166\quad 0.159\quad 0.138\quad 0.133\quad 0.111\quad 0.120)'$；

$A_2'=(0.148\quad 0.137\quad 0.154\quad 0.139\quad 0.146\quad 0.147\quad 0.130)'$；

$A_3'=(0.476\quad 0.524)'$；

$A'=(0.393\quad 0.319\quad 0.288)'$。

四是衡量权重赋值的合理性。研究时对判断系数矩阵 $M_i(i=1,2,3)$ 和 M 进行了一致性检验，结果由 $CR=CI/RI$ 公式得到，其中 $CI=(\lambda_{max}-n)/(n-1)$（$\lambda_{max}$）是判断矩阵最大特征值，$n$ 是判断矩阵的阶数，另外 RI 为判断系数矩阵 $M_i(i=1,2,3)$ 及 M 随机一致性指标，该值需要查询 RI 值表，见表 4－18。

表 4－18　*RI* 的取值

阶数 n	1	2	3	4	5	6	7	8	9	10
RI 取值	0.00	0.00	0.58	0.90	1.12	1.24	1.32	1.41	1.45	1.49

检验结果详见表 4－19。当 $CR < 0.1$ 时说明判断矩阵有满意一致性；不然判断矩阵则要作调整。在求取判断系数矩阵的最大特征值时选择的数值分析软件为 Matlab7.8。

表 4－19　　判断系数矩阵的一致性检验

矩阵	RI	λ_{max}	CI	CR	结果
$M1$	1.32	6.00049875634619	－0.166583541	－0.126199652	通过检验
$M2$	1.32	7.73265000168431	0.12210833	0.09250631	通过检验
$M3$	0.00	1.9200432490170	－0.07996	趋于负无穷	通过检验
M	0.58	3.05075824435697	0.02537912	0.043757	通过检验

4.2.4　构造评价矩阵

受访农户在评价指标的每个选项上得到的分数就是农户在相应评语等级上的表决情况，接着在依次统计出不同评语等级上所获取的投票数额，并以该票数除以有效样本数（360），最终得到了对应指标的判断系数（依次按 $V5 \sim V1$ 顺序）。所有指标判断系数构成模糊评价判断系数矩阵 R，因此各组成因子相应模糊评价判断系数矩阵为：

$$R_1 = \begin{pmatrix} 0.125 & 0.072 & 0.321 & 0.079 & 0.234 & 0.176 & 0.213 \\ 0.234 & 0.097 & 0.295 & 0.082 & 0.316 & 0.983 & 0.197 \\ 0.015 & 0.145 & 0.281 & 0.117 & 0.215 & 0.102 & 0.156 \\ 0.257 & 0.201 & 0.317 & 0.091 & 0.367 & 0.132 & 0.256 \\ 0.182 & 0.195 & 0.157 & 0.104 & 0.291 & 0.151 & 0.179 \end{pmatrix};$$

$$R_2 = \begin{pmatrix} 0.342 & 0 & 0.147 & 0.135 & 0.142 & 0.019 & 0.016 \\ 0.117 & 0.068 & 0.298 & 0.189 & 0.241 & 0.121 & 0.142 \\ 0.189 & 0.214 & 0.251 & 0.167 & 0.297 & 0.307 & 0.378 \\ 0.274 & 0.127 & 0.149 & 0.299 & 0.395 & 0.398 & 0.335 \\ 0.196 & 0.091 & 0.046 & 0.753 & 0.116 & 0.125 & 0.09 \end{pmatrix};$$

$$R_3 = \begin{pmatrix} 0.167 & 0.031 \\ 0.238 & 0.352 \\ 0.307 & 0.274 \\ 0.239 & 0.319 \\ 0.054 & 0.078 \end{pmatrix}$$

4.2.5　给出模糊评价结果

综上，将由公式 $W_i = R_i \times A_i$ 给出一级指标的模糊综合评判集：

其中，$W_1 = (0.172 \quad 0.290 \quad 0.146 \quad 0.234 \quad 0.180)'$；

$W_2 = (0.118 \quad 0.170 \quad 0.257 \quad 0.282 \quad 0.200)$；

$W_3 = (0.096 \quad 0.298 \quad 0.290 \quad 0.281 \quad 0.067)$；

$$W = (W_1,\ W_2,\ W_3)' = \begin{pmatrix} 0.172 & 0.118 & 0.096 \\ 0.290 & 0.170 & 0.298 \\ 0.146 & 0.257 & 0.290 \\ 0.234 & 0.282 & 0.281 \\ 0.180 & 0.200 & 0.067 \end{pmatrix}$$

最终将由 $F = W \times A'$ 确定现代农业产业技术体系运行绩效的模糊评价矩阵，则有：$F = \begin{pmatrix} 0.172 & 0.118 & 0.096 \\ 0.290 & 0.170 & 0.298 \\ 0.146 & 0.257 & 0.290 \\ 0.234 & 0.282 & 0.281 \\ 0.180 & 0.200 & 0.067 \end{pmatrix} \times \begin{pmatrix} 0.393 \\ 0.319 \\ 0.288 \end{pmatrix} = \begin{pmatrix} 0.133 \\ 0.254 \\ 0.223 \\ 0.263 \\ 0.154 \end{pmatrix}$

最后按表 4－17 所列的折算标准，V1 级评价按 90 分计算，V2、V3、V4、V5 依次按 80、70、60、50 分计算，获得基于模糊综合评判模型的农业产业生态福利最终测度结果为：

$0.133 \times 90 + 0.254 \times 80 + 0.223 \times 70 + 0.263 \times 60 + 0.154 \times 50 = 71.38$。

上式中，进一步分析发现，得分中仅 12.95% 比例给出了 V1 评价，给出 V2 和 V4 评价比例较高，分别是 24.73% 和 25.61%，综合分析表明从微观角度考察的农业产业生态福利还有很大的改善余地。

4.3 简要结论

上述统计描述和模糊综合评价分析，综合来看获得如下认识。

一是当前农业产业生态福利微观视角的测度或评价主要是农户生产方式影响维度、农户生活方式影响维度、农业自然生态环境影响维度三块主要内容，这其中各因子的方差贡献率依次为：农户生产方式影响占比为23.42%，农户生活方式影响因子占比为 16.73%，农业自然生态环境影响因子占比为 14.36%，三因子累计比例达到了 54.51%。二是利用农户调研数据，基于模糊综合评价结果表明当前农业产业发展方式下的生态福利水平仍有较大改善空间，福利测度结果仅为 71.38，参照有关标准认定评价情况“一般”。三是基于实证分析结果给予的政策含义包括：①加强认识，注重舆论力量，切实加快农业增长方式的转变；②关注农业生产实际，引导农民生产种植习惯，普及亲环境的农业生产技术和组织方式；③加强农村生态文明建设，提高居民环保意识，积极营造良好的村庄环境；④重视农村生态环境保护，改善水土质量，加大环境污染惩治力度，构建和谐美好的外部环境。

第 5 章

农业产业生态福利的三方博弈分析

前述研究内容基本掌握了当前农业产业发展的生态福利现状，并通过宏观统计资料和针对 6 区县农户微观调研数据对农业产业生态福利进行了较为系统的测度或评价。综合分析认为，当前我国农业发展方式下的生态福利水平还不高，加快农业增长方式转变任重而道远。本章将对农业产业生态福利中的多主体博弈行为进行分析，以明确提升农业产业生态福利水平提升的重要途径。

5.1 当前农业产业生态福利的组成内容

当前农业发展方式下，既体现着一些制度准则的制约，又凝结着诸多人力资源、物力资源、气象资源和生态资源以一定秩序进行合理范围上的流动。以下内容是就农业产业生态福利的组成内容进行展开分析。

5.1.1 农业产业生态福利产生的利益主体结构

依照当前农业产业发展方式带来的生态方面的影响，中央政府（第一委托人或业主，产业发展和环境政策的制定者）、地方政府（中央政府在一定行政区划下的代理人，是政策的执行者）、农户（农业生产方式影响生态环境的直接作用者和受影响者，是政策的直接实施者。实际上这里的农户是一个抽象的概念，准确一点来说是包括所有的农业经营者，既包括传统意义上的农民，也包括农业企业、涉农中介组织等，基于研究开展的现实可能性以及简约性原则对该层主体进行了一定简化，研究中仅包含农民）。因此基于上述分析，当前农业产业生态福利产生的主体结构简化为：中央政府和地方政府及农户三个农业产业发展核心利益主体围绕产业发展带来更多的生态福利而展开的博弈（见图 5－1）。

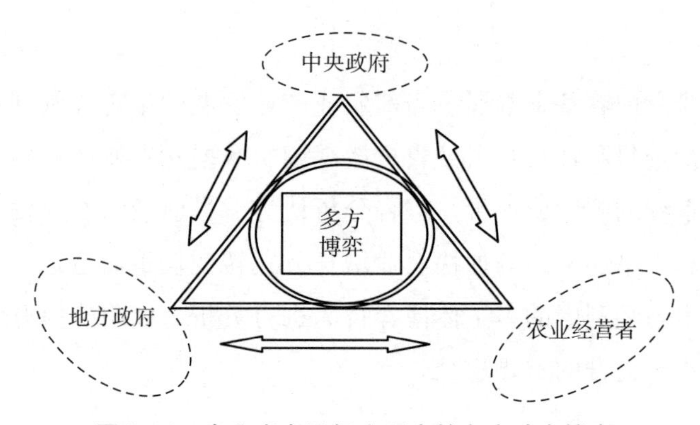

图 5－1　农业生态目标实现中的多方动态博弈

5.1.2　生态福利的公共属性

按照政治经济学观点，政府是民众的代理人，其职权来源于人民的委托，在人民的委托范围内利用手中的行政权力提供公共服务，进行社会管理。中央政府作为一切制度与政策的制定者和引导者，立足于推动农业发展方式转变以换取最小的环境代价，在此过程中，中央政府需要提供配套的政策和巨额的财政资金以推动农业产业朝有利于环境改善的方向发展。在此过程中，产生生态福利前期投入的人力、物力和财力以及后期实现的生态环境改善目标均具有国家属性，具有公共品属性。但是农业产业发展实现的生态环境目标涉及农业生产、农民生活、自然环境改善的方方面面，多数内容只能做到定性，无法量化，但肯定的一点是全社会都是生态福利的拥有者和受益对象。另外还需要说明的一点是：由于实现农业生产生态福利的过程中涉及的资源投入往往由财政列支，因此在生态目标达成过程中形成相应的智力成果、无形资产应明确归属于国家，任何组织和个人未经授权，不具有对这些财产的侵占、处置和收益权益。

5.1.3　生态目标实现中的监管机制

加快农业发展方式转变，切实落实生态保护政策，达成生态福利最大化目标是一个系统性工程，涉及社会生活的方方面面。具体来说，转变农业增长方式，促进生态文明建设，有着明确的制度约束，需要打出政策组合拳。具体而言，在中央政府层面上要实施严格的《中华人民共和国耕地保护法》《农业法》《环境保护法》《水土保持法》《森林资源保护法》《水资源保护法》等，对地方政府和农业经营者的行为加以引导，地方政府层面上也要制定区域性的法律，对当地的农业生产加以约束，严格农业环境保护，加大环境污染的惩治力度，上述举措的目的在于保证农业增长目标实现的同时尽可能带来更多的生态福利。

5.2

生态福利产生中各主体的行为分析

当前农业生产方式下产生的生态福利属于公共物品，具有非排他性和非竞争性。生态福利水平高低在于农业发展方式转变中相关既定政策的落实，各利益主体优化配置自身拥有的资源品。但是，中央政府与其在一定行政区划的代理人间、地方政府与农业从业者间存在一定的信息不对称及利益不一致的问题，导致农业生产中有害于生态文明的问题得不到及时纠正；另外，农业生产中有关农业生态改善的奖惩机制尚不健全，公地悲剧难免继续上演，农业经营者为达到自身经营利益的最大化，不惜以牺牲环境来谋求自身经济利益的最大化，道德风险事件时有发生，影响了农业生产中生态目标的实现。总之，农业生产生态福利的提升既要考虑政府管理部门的因素，还要对农业经营者的从业行为予以必要约束。

5.2.1 生态福利水平不高的中央政府层面的原因分析

中央政府作为民众的直接代理人，是农业发展方式的决策与监管主体，其利用国家层面上的政策制度和公共财政资金投入等推动农业生产生态目标的顺利实现，监督和制约农业发展方式转变中地方政府和农业从业者的行为。中央政府在农业生产方式转变以加快提升生态福利水平的过程中居于主导地位，其在生态目标实现中至少包括三个方面的利益诉求：①加快农业发展转变，引导财政资金的合理流向，最终提升农业增长质量；②在促进农业生产生态目标实现的同时，现阶段仍要重视产业竞争力提升和农民收入的持续增长；③提升农业产业的可持续发展能力，提升中央政府在人民心目中的地位。

1949 年以来，我国始终坚持物质文明和精神文明建设，当前我国的综合经济实力已经取得显著成绩，多项经济指标排位靠前，另外在文化领域，在“双百”方针的指导下，我国科教事业也取得了长足进步，有力支撑了社会主义现代化建设。然而，在经济文化事业取得可喜成绩的同时，我们更加注意到经济文化发展的可持续问题，当环境问题日益成为国际舆论争相报道的焦点时，加快发展方式的快速转变是国际共识。可持续发展理念向农业领域的延伸与拓展已经很久，但真正全面实施开来也就是近些年的事情。农业生产的可持续发展作为我国生态文明建设中的重要内容，要深入推进困难重重，一是相关的政策体系尚不健全，尤其在部门协同，违法惩治上仍有较大的立法漏洞；二是口头上重视，具体实施上却不够重视，如多地报道的耕地资源的违法变更用途、违背自然规律的毁林开荒、塑料薄膜和化肥农药的滥用等。

5.2.2 生态福利水平不高的地方政府层面的原因分析

地方政府作为农业增长方式转变相关政策措施的执行者，主要通过地方立法、监督管理等方式来规范农业经营主体的生产行为，促进各项资源的优化配置，进而推动生态福利水平提升。地方政府在农业生产方式转变实现生态福利水平目标过程中的利益倾向主要有以下几个方面：①规范农业经营者的生产行为，引导其生产方式的积极转变；②对上级政府负责，积极完成本级政府的生态福利提升目标；③改善生产生活环境，优化农业产业结构，提高农民收入水平。地方政府的上述利益取向是影响农业产业生态福利目标实现的关键因素。

目前因为地方在农业生态目标实现上的机制尚不完善，加之地方政府过于追求政绩工程，不但在其施政过程中违背自然规律，“多快省”地大搞经济建设，不顾环境日益恶化的形势，而且对诸多损害生态环境的农业从业行为不予重视，缺乏有效管理，因此这些利益取向上的不同制约了农业生态福利水平的提高。要在目前严峻的生态环境压力下，快速实现我国农业发展方式转变，除遵循自然发展规划外，还需要加强地方立法建设与监督管理，早日将地方部门利益与农业经营者利益拉回到协作共赢的两型轨道上来。

5.2.3 生态福利水平不高的农业经营者层面的原因分析

农业产业经营者是农业产业生态目标实现过程中的直接参与者和最终的受益主体，从理性人的观点出发，当前物质利益的最大化可能成为其最核心的价值追求，其次才是自我价值的实现，上述价值取向也就决定了农业经营者在农业产业生态目标实现过程中的行为依据。

农户经营者在参与农业产业生态目标实现过程中的各项行为同时受到中央政府和地方政府的约束，因此在生态目标实现中处于从属地位。

然而其追求经济利益最大化的本质属性及生态福利的公共属性，致使其参与提升生态福利的积极性受挫，农业生产的可持续发展尚未受到全面重视，乱采滥伐、竭泽而渔、滥用农药化肥、随意倾倒垃圾现象时有发生，加之农业从业者与中央政府和地方政府间存在巨大的信息鸿沟，这使得农业从业者的生产行为更加短视和非理性，这些情况都严重制约了农业产业生态目标的实现。

综合起来，农业发展方式转变中生态目标实现前后投入与产出品的公共品属性、多方利益机制的不协调，都成为农业生态福利水平不高的关键制约因素，其中如何使三方间的利益关系走入良性轨道成为笔者更为关心的话题。

5.3 农业产业生态目标实现过程中的三方博弈行为

按照上文的分析，农业产业生态目标实现过程中各利益主体的行为特征是影响生态福利水平的重要因素，具体而言：中央政府政策体系仍不够完善，对地方政府和农业经营者约束力不强；地方政府更重视政绩工程建设，政策执行力不强，对相应的农业从业主体监管强度有限；农业经营者短期逐利性更强，加之生态福利的公共物品属性，对农业生态环境建设缺乏积极性，因此各主体在农业产业生态目标实现上难以形成合力，福利水平提升也就面临较大难度。整合各方力量共同达成农业产业生态发展目标是一个巨大工程，除地方政府转变执政作风，农业经营者转变发展思维外，中央政府宏观层面的引导非常必要。中央政府通过完善生态建设的相关政策法律体系逐步规范地方政府和农业从业者的行为，在目前的财政投入格局下，通过整合优势资源，最大限度地提高各个主体参与农业产业生态文明建设的热情；地方政府要切实转变工作作风，调整施政思维，加快地区产业经营方式的过渡与转变，切实加强农业经营主体在生态环境保护方面的监督管理，奖优罚劣；农业经营者要树立可持续发展思维，遵纪守法，自行节约，在环境逐步改善的前提下力争获得最大的经济产出。因此，农业产业生态目标实现过程中中央政府、地方政府、农业经营者的行为始终交织在一起，体现着各方的利益博弈关系。

5.3.1 建立三方博弈模型

假定在当前农业产业生态目标实现过程中中央政府、地方政府和农业经营者都是“经济人”，中央政府寻求区域经济社会发展各方面利益的最大化，地方政府更在寻求本行政区域内的经济和社会利益的最大化，而更为“理性”的农业从业者更加注重自身经营利益的最大化。各利益主体所应承担的职责不一致，决定着各自利益诉求存在较大区别。为便于研究的进行，书中分别利用Z、D、F表示中央政府、地方政府和农业从业者（研究中将其简化为农户）这三个农业生产生态目标实现过程中的三大利益主体。

第一，假定在当前农业产业发展方式下追寻生态目标的过程中共产生X份额的总收益，其中中央政府致力于获取人民的政治信任，本身并不参与收益的分配，农业经营者将获得总收益X中的γ比例，然而农户经营者自身并不能完全分享农业产业生态目标实现中的全部收益，因此γ明确介于（0~1）区间内，而剩下的$1-\gamma$份额收益假设全部由地方政府获得，地方政府作为产业发展目标实现中的重要一环，其积极推进产业发展方式的转变意义重大，一方面有利于地区农业产业质量的增强，另一方面也能推进经济发展方式的变革升级。由于地方政府除参与农业产业生态目标的实现外，还承担着诸多社会职能，比如加快经济快速发展、改善社会管理、保障民生、加强科教事业等，这些责任就成为地方政府积极参与农业产业生态目标实现的机会成本，定义为a，此外还将农业经营者参与农业产业生态目标实现的机会成本界定为σ；中央政府为保障农业产业生态目标的实现依次给予地方政府和农业经营者κ_1

和 κ_2 的政策激励。

第二，假定制约农业产业生态目标实现过程中产生的总体利益的关键要素是中央政府的努力程度 ψ_Z、地方政府的努力程度 ψ_D 和农业经营者的努力程度 ψ_F，事实上关于总体利益在地方政府与农业经营者间的分配问题，主要就决定于二者在农业产业生态目标实现过程中努力的意愿和程度。再次假设中央政府 Z、地方政府 D 和农业经营者 F 通过相应的人力、物力、财力或努力参与农业产业生态目标实现中所形成的总体利益为 R'（这实际上只是农业产业生态目标实现过程中总体效益的部分份额，但是由于这并不是笔者所关注的重点，因此认定 R' 就是我们所需要的），其中 R' 是 ψ_Z、ψ_D、ψ_F 的递增函数，同时 R' 满足边际收益递减规律，另外由于实现农业产业生态发展目标是一个艰巨的任务，参与目标实现的中央政府、地方政府和农业经营者若不能提供足额努力，当前农业产业发展方式转变中生态目标的实现就将难以为继，此时生态目标收益将近乎为零，这是一个极端的情形，用数学符号表示为：

$$R'(0,\ 0,\ 0) = R'(0,\ \psi_D,\ \psi_F) = R'(\psi_Z,\ 0,\ \psi_F) = R'(\psi_Z,\ \psi_D,\ 0) = R'(0,\ \psi_D,\ 0) = R'(\psi_Z,\ 0,\ 0) = R'(0,\ 0,\ \psi_F) = 0$$

再假设中央政府、地方政府、农业经营者在农业产业生态目标实现时投入成本分别为 $C(\psi_Z)$、$C(\psi_D)$、$C(\psi_F)$，上述三个函数都符合边际投入递增规律，表达成公式为：$C'(\psi_Z) > 0$ 且 $C''(\psi_Z) > 0$；$C'(\psi_D) > 0$ 且 $C''(\psi_D) > 0$；$C'(\psi_F) > 0$ 且 $C''(\psi_F) > 0$。

综合上述分析，中央政府、地方政府和农业经营者在农业产业生态目标实现过程中的收益函数分别表达为：

$$Y_Z = [1 - (k_1 + k_2)]R'(\psi_Z,\ \psi_D,\ \psi_F) - C(\psi_Z) \tag{5-1}$$

$$Y_D = (1-\gamma)(1+k_1)R'(\psi_Z,\ \psi_D,\ \psi_F) - (1+\alpha)\psi_D - C(\psi_D) \tag{5-2}$$

$$Y_F = \gamma(1+k_2)R'(\psi_Z,\ \psi_D,\ \psi_F) - (1+\sigma)\psi_F - C(\psi_F) \tag{5-3}$$

5.3.2　农业产业生态目标实现过程中的三方博弈分析

中央政府、地方政府和农业经营者在当前农业发展方式转变生态目标实现过程中的利益博弈上，中央政府为加快推动农业发展方式转变会给予地方政府和农业经营者必要的政策与财政扶持；地方政府作为中央政府在一定行政区域内的代理人，它的角色事实上就是对中央有关产业发展政策的执行者，其在完成区域经济社会发展目标的前提下，直接面向农业经营者行使行政职权，引导农业经营者生产方式转变，对破坏环境的行为予以及时制止，对改善环境的行为则大力提倡。因此，中央政府与地方政府在达成农业产业发展生态环境目标时具有共同的利益倾向，他们都是农业经营者生产行为实施的监管者。因为当前农业发展方式转变生态目标实现过程中各利益主体的博弈行为始终处于一个动态复杂的环境中，因此研究时采取了逆向归纳的方法。

虽然中央政府、地方政府和农业经营者在农业产业生态目标实现过程中的决策行为过程并不具备同时性，然而由于相互间信息掌握的不对称性导致中央政府和地方政府都难以直接观察到农业经营者在生态目标实现过程中努力投入的情况，此外中央政府同地方政府在采取具体的决策时，农业经营者的行为尚不具有明显的超前或滞后，所以在动态博弈模型中明确了一点：中央政府、地方政府与农业经营者间的决策具有同时性。分别对式（5－1）、（5－2）、（5－3）三个式子求一阶导，将以此获得生态目标实现过程中各主体投入努力的极大化收益函数。

第一，中央政府在生态目标实现过程中的产业发展政策制定、财政支持政策等对农业产业生态目标实现过程中最佳努力时的情形，见式（5－4）：

$$\frac{dY_Z}{d\psi_Z}=[1-(k_1+k_2)]\frac{dR'}{d\psi_Z}-C'(\psi_Z)=0$$

即

$$[1-(k_1+k_2)]\frac{dR'}{d\psi_Z}=C'(\psi_Z) \tag{5-4}$$

式（5－4）为中央政府在农业产业生态目标实现过程中的最有政策力，虽然给予地方政府和农业经营者一定的物质激励在短期内可能让中央政府遭受一定的损失，然而农业产业生态目标的实现作为一项长期的公益性目标，是有利于产业发展、生态文明的系统工作，当期的物质利益并非中央政府考虑的重点。

第二，地方政府在生态目标实现过程中的投入决策，见式（5－5）：

$$\frac{dY_D}{d\psi_D}=(1-\gamma)(1+k_2)\frac{dR'}{d\psi_D}-(1+\alpha)-C'(\psi_D)=0$$

即：

$$(1-\gamma)(1+k_2)\frac{dR'}{d\psi_D}=(1+\alpha)+C'(\psi_D) \qquad (5-5)$$

式（5－5）是地方政府生态目标追求过程中的最佳努力决策，也就是说地方政府在农业产业生态目标实现中的总收益乘投入的边际收益等于地方政府各项投入的机会成本。可以预见，当地方政府各项投入面临的机会成本越高，而其总收益份额维持原状的情形下，地方政府的投入积极性将会下降。

第三，农业产业经营者在生态目标实现过程的最佳投入决策对应着式（5－6）所表达的情况。

$$\frac{dY_F}{d\psi_F}=\gamma(1+k_2)\frac{dR'}{d\psi_F}-(1+\sigma)-C'(\psi_F)=0$$

也即：

$$\gamma(1+k_2)\frac{dR'}{d\psi_F}=(1+\sigma)+C'(\psi_F) \qquad (5-6)$$

式（5－6）是农业产业经营者在生态目标实现过程中的最佳投入决策，一方面来看农业经营者在生态目标实现过程中获得更多的收益或中央政府给予的物质激励增长时，农业产业经营者有着更大的意愿参与农业产业生态目标的实现；但是另外一方面农业产业经营者生态目标实现程度收益与生态投入的边际收益相乘等于产业经营者的各项投入的机会成本。类比地方政府，可以预见当农业产业经营者各项投入面临的机会成本越高，而其总收益份额维持原状的情形下，农业产业经营者的投入积极性也将会下降。

5.3.3 动态博弈模型均衡解

依照前面内容的分析，当中央政府、地方政府和农业产业经营者中的任意个体不能提供持续有效地努力投入时，农业产业发展方式转变过程中的生态目标将难以实现，这样的一种极端情况可以表示为：

$$R'(0,0,0)=R'(0,\psi_D,\psi_F)=R'(\psi_Z,0,\psi_F)=R'(\psi_Z,\psi_D,0)$$
$$=R'(0,\psi_D,0)=R'(\psi_Z,0,0)=R'(0,0,\psi_F)=0 \tag{5-7}$$

当 ψ_D 为零时，预示着地方政府在农业产业生态目标实现过程中放弃努力，此时农业产业经营者将淡化环保意识，而且经营者们也缺乏了应有的约束和行为监督，加之农业产业经营者的资本逐利性，经营者将失去实现追求生态效益的积极性，导致中央政府的宏观产业制度安排、财政资金的投入及给予地方政府和农业经营者的物质激励将失去作用，因此 $R'(0,0,0)=0$ 的极端情形将会出现，这事实上就是中央政府、地方政府、农业经营者三方动态博弈的一个均衡解，这在理论上具有一定意义，但是在农业产业生态目标具体的实现过程中，因为地方政府最终仍能获取 $1-\gamma$，因此地方政府仍会给予农业产业生态目标实现一定的投入努力，此外会获得更多的政治选票，也将会对农业产业经营者进行一定程度的监管。

综合上述分析，当地方政府不放弃生态目标实现过程中的投入努力时，中央政府和农业产业经营者的努力程度将成为下面关注的焦点。当 $\psi_D>0$ 时，需要确定农业产业生态目标实现中的收益函数 Y_D，将中央政府和农业产业经营者的收益函数取各自努力投入变量的二阶导数，依次得到式（5-8）和式（5-9）：

$$\frac{d^2Y_Z}{d\psi_Z^2}=[1-(k_1+k_2)]\frac{d^2R'}{d\psi_Z^2}-C''(\psi_Z) \tag{5-8}$$

$$\frac{d^2 Y_F}{d\psi_F^2} = \gamma(1 + k_2)\frac{d^2 R'}{d\psi_F^2} - C''(\psi_F) \tag{5-9}$$

因为中央政府、地方政府和农业产业经营者生态目标实现过程中获得的收益函数对各主体的努力投入而言都是满足边际收益递减的，所以式（5-10）成立：

$$\frac{d^2 R'}{d\psi_Z^2} < 0 \text{ 和 } \frac{d^2 R'}{d\psi_F^2} < 0 \tag{5-10}$$

除此以外，中央政府、地方政府和农业产业经营者三个主体在农业产业生态目标实现过程中的投入成本函数均满足边际成本递增规律，所以式（5-11）成立：

$$c''(e_Z) > 0 \text{、} c''(e_F) > 0 \tag{5-11}$$

且同时有 $0 < \gamma < 1$、$0 \leqslant k_1 \leqslant 1$、$0 \leqslant k_2 \leqslant 1$ 成立。

因此式（5-12）成立：

$$\frac{d^2 Y_Z}{d\psi_Z^2} < 0 \text{ 和 } \frac{d^2 Y_F}{d\psi_F^2} < 0 \tag{5-12}$$

以上研究分析认定在农业产业发展方式转变过程中生态目标实现的收益函数是过原点的严格凹函数，因此中央政府、地方政府和农业产业经营者三方的动态博弈模型均衡解除原点外，尚存在另外一个均衡点。如何模型均衡解基于生态目标实现各方利益主体的政策含义是：一方面，各利益主体在农业产业生态目标的实现过程中有着共同的利益诉求，能形成一个合作共赢的局面，因此各利益主体需要持续供给努力；另外一方面在理论上可以预见，当中央政府、地方政府和农业产业经营者在农业产业生态目标实现过程中的努力投入显著异于零时，农业产业生态福利水平的目标能够得以实现，各方都能达成自身的利益诉求。

5.4 本章小结

该章内容是就农业产业生态目标实现过程中的利益主体博弈行为特

征展开的分析，结果显示利益主体在农业产业生态目标实现过程中的利益诉求并不一致，再加上中央政府与地方政府间、地方政府与农业产业经营者间、中央政府与农业产业经营者间存在明显的信息不对称问题，导致农业产业生态目标的实现受到了利益主体行为的制约。通过构建三方主体的博弈分析模型和最终求解，获得如下政策启示：一方面，各利益主体在农业产业生态目标的实现过程中有着共同的利益诉求，能形成一个合作共赢的局面，因此各利益主体需要持续供给努力；另一方面，在理论上可以预见，当中央政府、地方政府和农业产业经营者在农业产业生态目标实现过程中的努力投入显著异于零时，农业产业生态福利水平的目标能够得以实现，各方都能达成自身的利益诉求。

第 6 章

现代农业产业生态福利的提升策略

前述内容就现代农业产业发展的现状（基于生态视角）、农业产业生态福利测度与评价以及农业产业生态福利的三方博弈进行了系统全面的研究与探讨，已全面把握了湖北省农业产业发展的生态效率及可持续发展形势、发展潜力等，本章内容在前文研究结论的基础上，通过充分分析与比较相关国家在农业产业生态福利实现与提升策略方面的典型经验，提出提高湖北省生态福利水平的重要措施。本章主要分为两个部分，首先是比较分析美国、英国、日本等具有代表性的国家的农业产业发展的生态福利实现及提升策略，并总结出相关的经验启示；其次是针对湖北现代农业产业发展生态效率低的软肋，以及影响现代农业产业生态福利微观主体因素，结合前面国际的经验规律，提出综合提升湖北省农业产业生态福利水平的相关策略。

6.1 国际典型实践

世界农业历史的发展阶段表明，除发达国家完成向现代农业的转变以外，多数发展中国家尚处于传统农业向现代农业的过渡阶段。18 世纪农业革命之前，全球的农业基本上处于原始农业和传统农业阶段；18 世纪农业革命后至 19 世纪 40 年代，欧美等国率先结束了传统农业，步入

“石油农业”阶段，即实现了农业的机械化、电气化、水利化和化学化，在此过程中，农药化肥被大量使用，大幅度提高了农业劳动生产率水平；“二战”后至 70 年代，为避免“石油农业”带来的农业生态环境破坏和资源的过度消耗，解决全球性的重大生态环境问题，以美国为首的主要发达国家开始寻求现代农业的发展之路，提高农业资源的利用效率和减轻农业发展过程中造成的环境问题，以印度、菲律宾、南非、泰国等为首的发展中国家的生态可持续农业道路也如火如荼地展开。

无论是发达国家的现代农业发展实践，还是发展中国家的可持续农业发展道路的推进，都旨在减少农业系统外部生产资料的投入，发挥生态系统内部物质、能量循环的作用，满足人们的产品需求，并维护生态系统的良性运转，推进农业资源与环境的高效、可持续利用。由此可见，农业发展的生态环境保护和农业资源的有效利用日趋重要，农业产业的生态福利日益得到重视。本章主要通过分析国际上典型国家重视生态福利的农业产业发展实践，总结有益的经验规律，对提高我国农业产业生态福利提出有益的探索。

6.1.1　美国

自 19 世纪 40 年代以后，美国率先步入“石油农业”，强调农业产业发展的“高度专业化、高度集约化、高度化学化”，大大提高了农业生产率，推动了农业的快速发展，但同时也使得农业发展呈现出“高成本、高产量、高污染”的特征；19 世纪 70 ~ 80 年代，美国开始利用遗传生物工程方法、核辐射技术和航天工程技术改良物种，培育出了许多优良的杂交品种，进一步提高了农业的生产能力，但同时也破坏了农业生态系统，造成了农业生态环境的恶化；“二战”后，美国率先提出了农业系统的重构，推出了诸如生物农业、有机农业、绿色农业等新的发展模式，其目的是缓解农业发展与资源环境间的尖锐矛盾，围绕着农业生态环境保护、农业资源利用效率提升和农业产业生态福利提高，不断尝试着现代农业的可持续发展道路。

20 世纪 40 年代初，美国第一家有机农场的创办，使美国在农业系统重构道路上迈出了坚实的步伐。70 年代，专属农业研究机构成立，同时展开全球范围内的调查研究，形成的研究报告对有机农业进行了概念界定与阐述：完全不依靠农业系统外部生产资料投入的生产体系，依靠农业系统内部物质和能量达到保持土壤肥力和耕作的平衡性；80 年代初，国家层面的制度安排开始全面实施，并成立了国家层面的农业研究所，为有机农业发展提供了科技支撑；随之，美国国内的高等学校、科研结构以及农场分别仿效，成立有关农业研究机构，将农作方式的研究、示范与推广结合起来。

为进一步提高农业的可持续发展，20 世纪 80 年代末 90 年代初，美国曾先后制定并实施了三个方案：①1988 年的“LISA”计划，也即“低效投入可持续农业”，以低投入为主要特征，强调化学制品的减控利用，以达到缓解农产品过剩供给，维护资源环境的双重目的，以期降低成本与提高产业竞争力；②1990 年的“SARE”，其实际上是“LISA”的延伸，也即“可持续农业的研究和教育战略”，并通过美国 1990 年《农业法》的颁布与实施，寻求农业生产体系构建的法律保障，推进产业的可持续发展；③1990 年的“HESA”，也即“高效率可持续农业”，以农业的高效益为特征，维持一定数量的外部资源的投入，达到资源节约、环境保护的目的，此外，还积极推广良种及栽培技术，推进以高效为基础的现代农业产业发展体系的完善与发展。

促进农业可持续发展，保护农业生态环境，需要一定的法律法规政策，美国于 1990 年颁布了《有机食品生产法》，并组建“国家有机标准委员会”，制定与完善有机农业标准，这为有机农业生产者适应新标准作出规范，促进了有机农业的快速发展。在有机农业实践的基础上，美国现代农业产业的生态福利水平显著提升，农业生态环境得到有效保护，农业资源得到有效利用。

6.1.2　欧洲

英国是最早进行有机农业试验和开展生产的国家之一，其做法与美国相似，英国的农业生态化道路也是以发展有机农业为主，20 世纪 30 年代，有机农业的概念开始被接受并迅速发展。英国的有机农业发展道路主要注重农业资源的循环利用，在节约农业资源方面做出了突出的贡献，另外，针对农药化学等农用化学品造成的水体污染，土壤危害等环境破坏，英国制定和颁布了相关的法律法规，规范农业生产活动，控制有害化学品的投入使用，同时，英国也重视农业生产的监管，于 1983 年成立了有机标准委员会（BOSB），推动有机农业的发展，提高农业产业的生态福利。值得关注的是，英国的有机农业发展实践，为欧洲其他国家提供了很好的借鉴，英国之后，有机农业在欧洲其他国家得到较快的发展。

德国有机农业形式多样，迅速成长起来。虽然提法多样，但生产方式基本一致，遵循着严格的原则与程序，杜绝外部资源进入农业生产过程，推进轮作与农牧共营，以达到食品的无污染无公害。此外，德国政府的价格补贴政策是有机农产业及产品快速发展的重要因素。同时，为促进有机农业的发展，提高农业生态福利，德国政府进行了一系列的制度安排，构建了完善的法律法规及政策环境，包括：固定和非固定设备安装规定、废弃物排放规定、污泥用作肥料规定、防止化肥过量规定、资源保护规定、化肥销售规定、环境污染刑事处罚规定，以及农牧结合、轮作方式、少耕免耕、再生资源开发和自然优势实验奖励等（Dauncey，1996）。

法国农业经历了 20 世纪 70 年代的高度机械化后，短短 10 年的时间基本实现了传统农业向现代农业的过渡；发展至今，农业机械化进一步发展，逐步向智能化、大型化以及高效化过渡与转变，农业的生态功能逐步呈现规模化，农业发展向新的发展阶段转变。20 世纪末期，法国政府制定并实施《农业发展方向法》，进一步强化农业环境建设，并在此基础上确定了未来一段时间法国农业的标准，即以农民收入保障为前提，以提高农产品质量为目的，注重农业多方协调发展（杜朝晖，2006）。

瑞典非常重视农业发展中生态环境的保护，在长期农业发展过程中也积累了较为成功的经验，主要是实施轮作种植，并加强了传统种养殖业产生的废弃物的肥料化利用，减少外部资源进入农业生态系统。为了进一步凸显农业发展的生态功能，瑞典政府施行农产品差别定价政策，鼓励生态农业产业的发展，并有规划地推进耕地的生态化种植。

荷兰人多地少、农业资源相对贫乏，其发展的现代农业在保护资源环境方面也起到了非常重要的作用，取得了很好的效果。荷兰走出了一条劳动与技术密集型的现代农业发展道路，其中，畜禽养殖业（尤其是集约化养牛与养猪业）的健康发展模式经验具有重要的借鉴意义。其主要做法有：一是畜禽粪便沼气化的规模化处理，实现其能源化；二是液态厩肥的肥料化转化；三是鸡粪烘干后的加工处理，压制成颗粒状肥料（厉为民，2005）。荷兰农业专业化、技术进步与扩散铸就了荷兰农业绿色竞争力（厉为民，2003）。同时，荷兰生态农业的发展还得益于高等农业研究机构的助力，为提高农业的生态效益提供了一定保障。

6.1.3 日本

日本农业可持续发展模式的成功，归结于 19 世纪 70 年代仿效欧美农业发展模式的失败。在仿效欧美农业发展模式失败的基础上，日本充分认识并立足本国国情，慎重选择了一条适合本国国情的农业发展道路，即以高投入与土地集约经营为特征的精细农业发展方式，通过加强农田水利基础设施建设，加强良种推广速度，提高资源利用效率，逐步完善了本国的小型经营耕作技术体系。日本精细农业在工业化发展背景下获得了进一步的发展，主要是农村劳动力的流失与农业的高度机械化。在日本精细农业快速发展的同时，以加强农民组织化程度的相关农业组织也获得了快速发展，农业协同组织（即农协）是农民按地域组织起来的合作经济组织，其作用不仅局限于发挥其经济功能，还具有推进农业政策的贯彻实施、保护农业生产与生态环境、维护农民利益等功能。在注重农业生态的发展过程中，日本也逐渐提出了自己的生态型农业或有机农业发展模式。

20世纪70年代，日本采取多手段结合，积极推进生态农业的发展，主要目的是减少农田盐碱化，有效防止农业面源污染，保障农产品质量安全。日本生态农业的发展，将农作物秸秆作为资源进行有效转化，主要有饲料化、能源化、肥料化等。日本较为成熟的生态农业发展模式之一——油菜废弃物的生物能源化，也即油脂经处理后作为农业机械的原料。目前，日本生态农业发展已较具规模，大约有5 000公顷的耕地在实施有机农业生态化。

日本农业与农村的可持续发展模式日趋深化，在不同的方面取得突破，主要表现在“环境保全型农业”发展道路。1992年以来，“自然农业”模式为代表的“环境保全型农业”模式逐步推行并迅速发展。以“自然农业”为基础的“自然食品”供给不断增加，在很大程度上支撑了日本农业与农村的持续发展。

6.1.4 菲律宾

欧美国家生态农业的实践对世界其他农业大国产生了重大影响。在环境恶化与资源制约的背景下，世界各国从传统农业发展模式中觉醒，开始积极寻求兼顾“农业发展”与“环境维护”的双赢农业发展模式，以人口、资源、环境和经济协调发展为特征的新农业发展模式成为国际课题。

菲律宾的玛雅农场通常被认为是国外生态农业的一个典范。菲律宾玛雅农场具有良性循环的农业生态系统，其循环路径为面粉厂产生的大量麸皮可以为养畜场和鱼塘提供原料，养畜场和鱼塘为肉食加工厂提供原料，并向沼气车间输送原料，沼气车间向养畜厂、鱼塘、肉食加工厂等农场生产和家庭生活提供能源支持，并向稻田输送优质有机肥料，稻田最终向面粉厂提供优质稻麦，以此类推，不断循环。玛雅农场实行企业化运作，农场生产所需原料、燃料、肥料完全自给自足，成本内部化，经济效益显著，且实现了内部废弃物的高度资源化，是一个完全自我内部循环的生态产业体系，是世界循环农业发展的典型。

6.2 国际实践的经验规律启示

世界各国对现代农业产业发展的生态功能日趋重视，农业发展的生态福利问题也将会成为国际课题。总结当前国际做法，主要有以下四点：

6.2.1 重视资源高效循环利用，改善农业生产与生态环境

农业可持续的基础是农业生产与生态环境持续改善。以生态经济学与生态系统理论为理论基础，规范从业人员经济行为，一方面要高效合理地利用自然资源；另一方面是农业外部资源的适度投入，进一步增强农业生态经济系统内部自身物质流与能量流的闭合循环，进而推进农业生态功能与经济效益的协调发展，推进农业可持续发展进程。原有农业发展方式给农业生产与生态环境带来了严重损耗，导致了土壤退化、水资源匮乏、全球气候变暖、农业遗传资源丧失多样性等全球性问题。因此，世界各国在农业可持续发展方面形成了较为一致的观念，欧美日等发达国家在农业发展过程中，将农业资源与生态环境摆在了战略性的位置，首要遵循生态原则，提倡自然循环型农业发展模式。

6.2.2 重视农业技术创新，推进农业科技的集成示范与推广

技术创新驱动发展，农业领域更是如此。一方面，以技术创新为动

力，极大程度的推进单位资源利用效率，实现福利的最大化与资源消耗的最小化同步呈现，以实现资源的持续与永续利用；另一方面，以技术创新为内在驱动，改善与优化农业生态系统的内部结构与功能凸显，进而提高农业生态系统的福利有效供给能力，实现农业生态与经济的协同发展。以农业技术创新驱动农业健康持续发展是国际经验，农业生态快速发展的国家都十分关注农业科技的重要作用，以以色列为例，科技兴农是国家重要战略之一，其农业科研经费充足，农业科研机构水平较高，这对促进农业产业发展与自然资源利用的协调平衡起到了非常重要的作用。

6.2.3　重视法律法规体系的构建与完善

农业的可持续发展是建立在完善的制定保障与政策环境基础上的。发达国家的经验表明，任何产业的发展都离不开完善的制度支持。美国是农业可持续发展最早的践行国家之一，同时，也是最早构建与完善农业法律法规的国家之一；日本农业法律法规也不断趋于完善，1992年《有机农产品及特别栽培农产品标志标准》和《有机农产品生产领域管理要领》的颁布，标志着自然农业、有机农业等可持续的农业生产方式纳入保护环境型农业政策；以色列亦特别重视法律在农业发展中的作用，通过制定《水法》《水井控制法》《量水法》等法律法规，推进了农业法制进程。

6.2.4　重视政府的政策支持与保障

农业是弱势产业，政府的高额补贴是发达国家实现农业现代化及可持续发展的通用做法。发达国家高额补贴政策成为推进农业可持续发展的重要保障，这一方法被世界各国普遍沿用。如欧盟制定了环保奖金和有机食品补贴等，并建立严格的有机产品准入市场；德国则根据农业发展的生态层次给予不同额度的补贴，以此来推进本国生态农业的发展；日本建立了较为完善的有机农业发展补贴政策体系，首先是为有机农业提供农业专项资金无息贷款（7 年内偿还），而且对建设健全堆肥供给设施、有机农产品装运设施等进行补贴，都充分体现了政府调控政策的重要性及其与市场主体相辅相成的关系。

6.3 提升湖北省农业产业生态福利水平的策略分析

6.3.1 政策法规体系

至今，我国还没有一部专为生态农业设立的法律法规。我国发展生态农业的法律依据，主要是基于国家在环境保护、农业可持续发展等领域的相关法规与政策，以及国家宪法、行政法规中对保护生态环境，防止环境污染和生态破坏等规定，可以看作我国开展生态农业建设的行动指南和依据。

1983 年，中央发布的一号文件《当前农村经济政策的若干问题》中明确指出：中国特色农业发展道路必须坚持人口合理增长、资源的合理利用以及自然生态环境的维护三大前提。1984 年 5 月，《国务院关于环境保护的决定》指出，农业生态与生产环境的维护要积极推广生态农业，防止农业环境的污染和破坏。1985 年，国务院环委会批转了城乡建设保护部和农牧渔业部关于发展生态农业，加强农业生态保护的意见，并特别要求各级农业部门予以重视。1991 年，七届全国人大第四次会议通过《中华人民共和国国民经济和社会发展十年规划和第八个五年计划纲要》，要求继续搞好生态农业示范工程和生态农业试点。1993 年，经党中央国务院批准的“中国环境与发展十大对策”中，也把推广生态农业列为重要内容。1994 年，国务院又批转七部委、局提出的《关于加快发展生态农业的报告》。1995 年，党的十四届五中全会提出“切实加强农业”“把加强农业放在发展国民经济的首位”，强调转变观念，坚持可持续战略。生态农业作为由粗放型向集约型、单一型向综合型转变，从而实现可持续发展的一种成功模式，得到了充分肯定；大会通过的《中共中央关于制定国民经济和社会发展“九五”计划和 2010 年远景目标的建议》进一步明确了“大力发展生态农业，保护农业生态环境”。1999 年 1 月，国务院发出通知，要求各省（区）市实施《全国生态环境建设规划》，并因地制宜地制定科学合理的生态环境建设规划，鼓励民众参与的积极性，发挥社会组织的作用，投入大规模生态环境建设。2000 年 12 月，国务院又颁布了《全国生态环境保护纲要》，标志着我国现代化建设由以牺牲生态环境为代价的阶段，已经开始转向生态建设和经济建设同步协调发展的历史新时期。

近年来，我国已颁布《基本农田保护条例》《农业生态建设技术规范》等法规，几乎全国所有的省、自治区和直辖市相继出台《农业生态环境保护条例》或《农业生态环境保护暂行规定》等，各级地方政府也制订了相关的条例和规定。这表明我国初步进入了农业经济效益与生态环境保护协调发展的新阶段，中国生态农业发展面临新的机遇，正在走进发展的新时代。

然而，国家对生态农业的发展尽管给予了很高的重视，但目前生态农业仍然只是国家保护环境和发展大农业策略中的一个重要内容，政策法规保障体系还很不健全，管理机制还有待创新和完善，各级政府对农业生态建设还缺乏严格的要求和有力的约束，广大农民群众的积极性还有待进一步调动。

我国应结合生态农业发展的实际情况，充分借鉴国外发达国家的经验，促进我国生态农业保障体系的尽快形成。尽快制订《全国生态农业发展纲要》和《全国生态农业发展规划》，明确我国生态农业建设的总体目标、指导思想和发展战略等，为生态农业建设提供理论依据；修改完善《农业法》，进一步确立生态农业在我国农业中的地位，尽快制订国家《中国生态类食品法》，统一生态食品、绿色食品、有机食品的标准，以有效应对入世对我国农业的挑战；强化执法力度，坚决做到有法必依、违法必究、执法必严。

6.3.2 组织管理机制

生态农业与常规农业相比，更需要政府的组织与管理。在初期阶段，政府可能会扮演管理者的主要角色，但随着生态农业的不断发展与完善，这种角色要发生转变，政府需要更多地用宏观调控和服务的方式，引导农民与企业参与到生态农业建设中来，而管理者的职责主要过渡到农民组织和企业的头上。

生态农业的发展是建立在产业链条各个环节发展的基础上，因此管理者要有针对性地对生态农业的产前、产中以及产后各环节进行监管，以达到推进产业生态功能的全产业链呈现，从以下方面着手：①大农业的观念与思想，立足区域资源禀赋，合理安排与协调好区域产业结构；②切实转变政府职能，加强管理与服务，引导产业升级转型，合理调整生态农业系统内部结构；③加强生态农业系统产业链条服务的系统性；④加强农民科技培训，克服生产过程中损害生态环境的短期行为，提高全民的生态环境意识。

20 世纪 80 年代初以来，生态农业在我国逐步兴起，农、林、水、环保、科研等部门积极开展了试点和研究工作，取得了初步成果和经验。在管理方面，却出现了分工不明和职责不清的问题，在很大程度上制约了生态农业建设。我国尚处在生态农业建设与发展的初级阶段，对生态农业的组织和管理是下了力气，动了不少脑筋的。由于生态农业是需要多学科知识指导、组织、发展农业生产的新型体系，原有农业管理模式已不能满足产业发展日益增长的生态需求，改革和完善传统的农业管理体制，对推动和发展生态农业至关重要。生态农业涉及方方面面，已经远远超过原来的农业范畴，在组织管理上单靠农业部门难以抓好，因此，生态农业管理体制应能发挥整体协调、统筹兼顾的职能，既能体现集中领导的绝对权威，又能充分调动各利益主体的积极性。各级政府应对生态农业实行统一领导和调控，有关部门密切协作，形成一个由政府牵头，统一协调，分工负责，归口管理的新型管理体制，切实把资金、技术和人才集中统一用于生态农业建设。

6.3.3　社会参与机制

生态农业建设是一项复杂而宏伟的系统工程，需要社会各界的广泛支持和参与，形成政府、科技界、农民、企业与社会组织等共同参与的格局。目前，尽管政府成立了专门的生态农业建设领导小组，不少地区也形成了一些自发的生态农业协会等组织，但由于目前的生态农业社会参与机制缺节断链，或参与机制很不完善，导致生态农业建设“一头热一头冷”，无法把我国生态农业建设推向一个新的阶段。主要表现在：生态农业宣传不到位，没有得到农民和消费者的认可；地方领导认识上的差异，或者是热心政绩工程，主抓领导换人后出现生态农业建设不连续；没有充分调动科研技术人员的积极性，农业科技人员没有投入生态农业一线建设，无法实现农业生产和高科学技术的真正结合，生态农业生产缺乏技术创新；缺乏激励机制和有效的扶持机制，从事生态农业的企业少。以上问题导致我国的生态农业建设在旧水平上徘徊不前，无法产生飞跃。这些问题需要在生态农业建设中不断摸索，以实现生态农业管理模式的创新，进而推进生态农业技术的创新，使生态农业在建设过程中不断完善、不断发展。

6.3.4　资金投入机制

加快我国生态农业资金投入机制的创新，鼓励社会各界积极参与高效生态农业的建设。这就要求，必须健全投入体制，拓展社会融资渠道，构建农业投入体系。全面建立以政府引导，企业自筹为主体，金融贷款为支撑，农民与社会融资为补充的多渠道、多层次、多元化的生态农业投入体系。第一，要设立生态农业科技发展基金，保证生态农业专项科技事业的发展；第二，大力发展民营科技机构，加大对农业龙头企业兴办农业科技研究与推广机构的支持力度；支持农业龙头企业积极引进、推广国内外优良新品种；研究和应用推广农业实用技术；第三，加强产学研合作、组织协作攻关，提高企业科技创新能力；第四，兴办农业科技示范园区，开展农业科技示范；第五，组织开展农民培训，提高农民科技文化素质，促进农民群众投入的积极性。

6.3.5 信息网络建设机制

生态农业的发展离不开信息化建设，农业信息化建设是生态农业的重要组成部分，主要作用在于推进信息化技术在生态农业生产、管理及服务各个环节的信息化建设，主要有以下切入点：

（1）强化政府的信息化意识，为生态农业提供有力的支持。政府财政资金是农业信息化发展的主要资金来源渠道，因此要强化政府信息化意识，增加信息化建设的财政预算，逐步构建内容丰富、结构完善的信息化网络体系，增强信息化对农业发展的支撑作用。

（2）重视多级农业信息网络人才的培养。信息网络人才的培养是农业信息化发展的重要支撑，应构建完善的信息咨询系统，搭建完善的农业、农村和农民服务的信息技术服务平台，推进生态农业发展的信息化。

（3）增强农民的农业信息识别能力与利用能力。农业信息的最终服务主体是农民，而农民对信息的识别能力与理解能力是农业信息化发展的关键所在。应逐步构建以农村基础教育和农民技术培训为基础的农民信息识别能力培训机制，切实提高农民的信息获取路径及识别能力，以农民信息化推进农业信息化。

（4）完善法律法规建设，提高农业网络信息准入条件，以提高其可信度。鉴于当前我国农业信息化建设尚不规范，农业信息质量存在较大问题，需要逐步构建完善的法律法规，提高农业网络信息的准入门槛，提高网络信息质量与信息的可靠性，以农业信息化推进生态农业的历史性飞跃。

6.4 农业产业生态福利实现与提升的未来政策取向

中国生态农业的政策取向决定了未来中国生态农业的发展。综合来看，中国生态农业未来政策取向主要应从两方面考虑：一是激励生态农产品的有效供给；二是激励生态农产品的有效消费需求，以达到市场供需平衡，实现生态农业产业的自组织发展。具体地说，可以从以下三个方面入手：

6.4.1 调控农资供应市场，建立生态农业的补偿机制

通过调控农资价格，同时纳入生态农业的补偿机制，使经营生态农业与常规农业相比，达到经营生态农业的生产成本更低，从而把生态农业生产的外部正效应纳入生态农业生产者和管理者的决策过程。比如以农药为例，一方面，可以增加对剧毒农药的税收，提高剧毒农药的价格，从而减少剧毒农药的使用量；另一方面，增加对采用生物技术综合防治病虫害的生态农业的补贴，达到发展生态农业的目的。国家的绿箱政策和财政转移政策也应重点考虑投向生态农业生产。在国家全面取消农业税的同时，充分利用 WTO 允许的绿箱政策，加大对生态农业的补助力度，从而有利于生态农业的进一步发展。

6.4.2 制定农业环境相关标准，加强生态农产品管理

我国各项环境标准的制定工作相对滞后，表现为监测体系不完善、

检测能力较弱、覆盖面较窄、监管力度不足等方面，滞后的农业环境相关标准制定工作与现代农业发展相脱节，不能满足国际农业发展的要求。全国性的农业生产基地环境标准和农产品及其加工品的环保标准的制定应提上日程。通过建立健全生态标志型农产品的认证标准体系，让消费者能够区分生态农产品与常规农产品，加强生态标志型农产品的全程质量监管体系，让消费者买得放心，提高消费者对生态标志型农产品的认知和忠诚度。对农药、肥料等投入品应实行严格的管理，并加强生态农产品的认证和监管，发挥生态农业优势，使生态农产品顺利打开国内、国际市场。

6.4.3 鼓励生态农业技术创新，开发农业环保技术

针对目前我国生态农业建设中技术创新的不足，政府应制定完善的激励政策体系，实现多主体参与的生态农业技术协同创新体系，积极研发、研制适合生态农业发展需求的基本生产要素，实现生态农业产业链条的延伸，推进多产业联动。

6.5 本章小结

本章系统阐述了美国、欧盟、日本及其他具有代表性国家的生态农业模式，阐述了这些农业发展模式产生与发展的背景、实践，以及地区内发展的概况，在此基础上通过比较分析与经验总结发现上述国家在生态农业（有机农业）发展过程中实现了农业产业生态福利的实现与提升，这些国家具有如下共同点：①均重视资源的高效利用与生态环境的改善；②均重视农业技术创新与农业科技推广；③均重视法律法规体系的建设与完善；④均重视政府政策的支持与保障。在这些典型经验介绍及前文就湖北省农业产业生态福利测度与评价分析的基础上，就提升湖

北省农业产业生态福利水平有如下启示：加强政府法规体系、组织管理机制、社会参与机制、资金投入机制、信息网络建设机制的建立与完善。同时，调控农资供应市场，建立生态农业补偿机制；制定农业环境相关标准，加强生态农产品管理；鼓励生态农业技术创新，开发农业环保技术。

第 7 章

创新与展望

7.1 研究结论

7.1.1 湖北省农业产业生态福利指数呈现持续下降趋势，农业产业可持续发展遇到瓶颈

第一，1990～2011年湖北省农业人口发展指数、农业人口的人均生态足迹与农业经济发展同步增长。第二，农业产业发展的生态福利指数呈现波动变化，总体呈现下降趋势，且在2000年达到农业产业生态福利的峰值1.9773，本研究将湖北省农业发展生态福利的演变划分为五个阶段：第一个阶段（1990～1993年），湖北省农业产业生态福利指数呈现逐渐下降趋势；第二个阶段（1993～1994年），农业产业发展的生态福利指数上升；第三个阶段（1994～1998年），湖北农业产业发展的生态福利指数呈现微弱波动下降趋势；第四个阶段（1998～2000年），湖北省农业产业发展的生态福利指数反弹，快速增加并达到生态福利指数峰值；第五个阶段（2000～2011年），湖北省农业产业发展生态福利指数在微弱波动中呈现快速下降趋势。尽管湖北省农业产业发展的生态福

利水平不断提高，但是由于农业产业的生态资源负荷的增长远远超过了生态福利的增长幅度，引致农业产业生态福利指数的波动下滑。第三，1990 ~2011 年湖北省农业产业发展的演变可以划分为三个阶段，经历了由可持续性减弱到增强再到减弱的变化。第四，1990 ~2011 年，湖北省农业人口发展指数与农业人均产值呈现同时增加的趋势，但是随着农业人均产值的迅速增长，农业人口发展指数增长趋势逐步放缓。随着湖北省农业经济的快速发展，农业经济增长带来的经济福利和生态福利门槛还未到达，但是增速放慢，意味着在向门槛值靠近。换句话说，湖北省近 20 年的农业发展模式已经不适应当前生态需求日盛的形势，农业经济增长的生态福利门槛将很快到达。

7.1.2　农户的生产生活方式及农业自然生态环境是影响湖北省农业产业生态福利的重要因素

一是，当前农业产业生态福利微观视角的测度或评价主要由农户生产方式影响维度、农户生活方式影响维度、农业自然生态环境影响维度三块主要内容，这其中各因子的方差贡献率依次为：农户生产方式影响占比为 23.42%，农户生活方式影响因子占比为 16.73%，农业自然生态环境影响因子占比为 14.36%，三因子累计比例达到了 54.51%。二是，利用农户调研数据，基于模糊综合评价结果表明当前农业产业发展方式下的生态福利水平仍有较大改善空间，福利测度结果仅为 71.38，参照有关标准认定评价情况“一般”。三是，基于实证分析结果给予的政策含义包括：①加强认识，注重舆论力量，切实加快农业增长方式的转变；②关注农业生产实际，引导农民生产种植习惯，普及亲环境的农业生产技术和组织方式；③加强农村生态文明建设，提高居民环保意识，积极营造良好的村庄环境；④重视农村生态环境保护，改善水土质量，加大环境污染惩治力度，构建和谐美好的外部环境。

7.1.3 农业产业生态福利相关利益主体的利益诉求存在差异，农业产业生态福利目标难以实现

就农业产业生态目标实现过程中的利益主体博弈行为特征展开分析，研究分析表明中央政府、地方政府和农业产业经营者在农业产业生态目标实现过程中的利益诉求并不一致，再加上中央政府与地方政府间、地方政府与农业产业经营者间、中央政府与农业产业经营者间存在明显的信息不对称问题，导致农业产业生态目标的实现受到了利益主体行为的制约。通过构建三方主体的博弈分析模型和最终求解，获得如下政策启示：一方面，各利益主体在农业产业生态目标的实现过程中有着共同的利益诉求，能形成一个合作共赢的局面，因此各利益主体需要持续供给努力；另一方面，在理论上可以预见，当中央政府、地方政府和农业产业经营者在农业产业生态目标实现过程中的努力投入显著异于零时，农业产业生态福利水平的目标能够得以实现，各方都能达成自身的利益诉求。

7.2 研究创新

（1）研究视角上具有一定的新意。已有的关于福利的研究大多侧重于经济福利和社会福利，对生态福利的研究较少；已有的关于农业产业的研究大多侧重于农业产业的发展现状、问题、对策、模式、效益等方面，对产业福利的研究很少。笔者提出了农业产业的生态福利问题，这既是对福利研究的补充，也是对农业产业研究的扩展，具有一定的创新。

（2）研究方法应用上具有一定的新意。关于生态福利测度的研究，已有的研究大多集中在宏观层面上，从环境的角度出发分析生态效益。

本研究扩展了已有的研究路径，分别从宏观层面、微观层面进行生态福利测度的定量研究，并尝试构建三方动态博弈来分析农业产业生态主体的福利状况。

（3）研究内容上具有一定的新意，且取得了一些有价值的结论。根据课题研究内容，展开了微观层面与宏观层面生态福利的实证研究，主要在两个方面取得了一些有价值的结论，一是湖北省农业产业生态福利指数呈现持续下降趋势，农业产业可持续发展遇到瓶颈；二是湖北省农业产业生态福利受到诸多因素的影响，其产业生态福利水平为一般，有较大提升空间。

7.3 研究展望

本研究就湖北省现代农业产业发展现状（基于生态视角）、农业产业生态福利的测度与模糊评价以及农业产业生态福利实现过程中各利益主体的博弈行为及特征进行了全面的统计与测度分析，较为全面地了解了湖北省农业产业发展的生态福利现状、发展趋势以及发展潜力，并且在全面系统了解湖北省农业产业发展生态效率及产业可持续发展现状的基础上，最终提出了全面提升湖北省农业产业生态福利水平的策略。但是由于当前国内未见到农业产业生态福利的相关研究文献，笔者以摸着石头过河的方法创新性地提出了农业产业生态福利这一说法，研究内容及研究结论有待大家批评指正。虽然相关研究顺利开展，并整理成书，但是本研究仍有较大的深化空间，针对研究不足后续要侧重在以下四个方面展开：

第一，宏观指标体系的进一步完善。农业产业生态福利问题是全新的研究领域与视角，关于农业产业生态福利指标体系的构建是不完善的。随着对该问题研究的不断深入，与农业产业生态福利相关的指标会不断地加入，使研究项目的指标体系更加完善，更加具体地反映当前湖北省乃至全国农业产业发展的生态福利水平及发展趋势，以期为湖北省乃至我国现代农业产业发展的生态效率的提升以及农业的可持续发展提供有效的理论与数据支撑。

第二，面板数据的分析。本研究单纯的以湖北省为研究对象，分析了湖北省现代农业发展的现状（基于生态视角）、生态福利水平的测度与模糊评价以及农业产业生态福利形成过程中相关利益主体的博弈分析。针对某一省份的研究会受到该省特殊的农业发展模式、区位优势等条件的制约，并不能代表全国水平。因此，以湖北农业产业生态福利研究范围为基础，进行全国范围内的农业产业生态福利的时序测度，从而能够进行纵向与横向的比较研究与分析。

第三，农业产业生态福利水平及发展空间的微观测度的拓展。在数据搜集与指标量化等问题上存在一些争议，本研究中就农业产业生态福利水平评价分析的全面性有待加强，调研对象的数量及区域选择上也可以进行适当的调整，必要时可以进行适当的拓展，并加以比较分析，以全面反映区域农业产业发展生态福利水平及发展潜力的差异。

第四，关于农业产业生态福利实现主体博弈研究的拓展。农业生态福利研究是全新视角与领域，影响与产业农业生态福利的不是只有农户，农业龙头企业、协会等农业组织的运行都会带来相应的福利，那么它们给行业从业人员带来了多少生态福利？生态福利的发展潜力有多大？在农业产业生态福利实现中扮演了什么样的角色？这些问题都是需要我们日后进行思考与探讨，以此达到对农业产业生态福利更加准确客观的测度与评价。

附　录

农业产业生态福利评价的农户调查问卷*

________省________县（市）________乡（镇）________村________组

尊敬的农民朋友：

您好！为了科学测度我国农业产业的生态福利水平，加快推进我国传统农业朝资源节约和环境友好的现代农业发展，需要对您家庭近几年来农业生产情况作一项简单调查。上述调查数据与分析结论将主要运用在我国生态文明的现代农业产业体系创建的相关政策制定中。希望您配合该调研工作的开展，谢谢您。

调研时间：　　　年　　月　　日

户主姓名：________　调查员：________　问卷编号：________

2012年6月

* 生态福利作为社会福利新的组成部分，更加强调作为个体的人与生态环境的互动。生态福利更强调社会应该为人类生存与发展所提供的好的生存环境以及物质福利与精神福利的双重促进。

第一部分　基本情况

1．家庭人口总数：__________，其中家庭劳动力人数__________。

2．家庭成员基本情况：

1	2	3	4	5	6	7	8	9
家庭成员编码	性别 1. 男 2. 女	年龄（周岁）	与户主关系 1. 户主 2. 配偶 3. 子女 4. 孙辈 5. 父母 6. 兄弟姐妹 7. 儿媳 8. 其他，请注明	受教育程度 1. 小学及以下 2. 初中 3. 高中及中专 4. 大专及以上	是否村干部？ 1. 是 0. 否	是否具备专业技能？ 1. 是 0. 否 （包括经营管理、泥瓦匠、木工、电工技术、缝纫、建筑装修等）	上年在自家地里农忙了多少个月？（月）	上年非农收入是多少？（元）包括从事： 1. 交通运输 2. 建筑装修 3. 纺织服装 4. 制造加工业 5. 餐饮服务 6. 做小生意 7. 务农（替他人种地的情况） 8. 其他（行业收入）
1								
2								
3								
4								
5								
6								

3．农业生产情况：［自营农业情况］

	种植品种	种植面积	种植收入	养殖品种	养殖面积	养殖收入	其他	其他收入
上年家中主要从事的农业生产有								
上年农业生产总收入（元）	即农业生产收入之和							

注：其他，包括农产品加工作坊，提供农业生产性服务（如插秧服务、割收粮食、有偿搬运）。种植类填写主要粮食作物、经济作物或林果类等，畜牧养殖类填写主要用于提供商品的畜禽鱼虾等，其他则填写加工、服务业等。

4. 您通常去的集市是否是自己乡镇所在地？［说明：1. 是；2. 不是］______；

每月逢几赶集？（代码：每日有市填1，否则填0）______；您通常一个月赶集次数？______次；

选用何种交通工具［代码：1. 汽车；2. 摩托；3. 自行车；4. 拖拉机；5. 步行；6 其他］______；

集市离您家有多远？______公里；利用上述交通方式通常需多长时间？______小时。

第二部分　当前农业生产方式下的生态效益情况

内容填制说明：目前我国农业仍处于传统农业生产方式朝现代农业生产方式转变的关键时期，农户作为当前农业生产方式的切身体验者，或多或少体会到了农业发展对自身的影响，请您根据自身情况，就已经或即将发生的变化作答，该部分分为三块内容，各题项均为单选题，每小题共有五个选项。

（一）对农业生产方式影响方面

1. 当前农业发展方式，您认为对化肥的节约利用有帮助吗？

A. 没有帮助　　B. 帮助不大　　C. 一般　　D. 帮助较大

E. 帮助很大

2. 当前农业发展方式，您认为对农药的节约利用有帮助吗？

A. 没有帮助　　B. 帮助不大　　C. 一般　　D. 帮助较大

E. 帮助很大

3. 当前农业发展方式，您认为对缓解薄膜的不规范使用有帮助吗？

A. 没有帮助　　B. 帮助不大　　C. 一般　　D. 帮助较大

E. 帮助很大

4. 当前农业发展方式，您认为对农业生产能源（如柴油、生产用电）的节约利用有帮助吗？

A. 没有帮助　　B. 帮助不大　　C. 一般　　D. 帮助较大

E. 帮助很大

5. 当前农业发展方式，您认为对水资源的节约利用有帮助吗？

A. 没有帮助　　B. 帮助不大　　C. 一般　　D. 帮助较大

E. 帮助很大

6. 当前农业发展方式，您认为对土地资源的节约利用有帮助吗？

A. 没有帮助　　B. 帮助不大　　C. 一般　　D. 帮助较大

E. 帮助很大

7. 当前农业发展方式，对农民生产废弃物（如农药瓶）的合理处置有帮助吗？

A. 没有帮助　　B. 帮助不大　　C. 一般　　D. 帮助较大

E. 帮助很大

8. 当前农业发展方式，对促使农民就畜禽粪便的合理处置有帮助吗？

A. 没有帮助　　B. 帮助不大　　C. 一般　　D. 帮助较大

E. 帮助很大

9. 当前农业发展方式，对农民农业建筑垃圾（如农业生产活动用房用材）的合理处置有帮助吗？

A. 没有帮助　　B. 帮助不大　　C. 一般　　D. 帮助较大

E. 帮助很大

10. 当前农业发展方式，对农民农业生产结构朝环保型调整有帮助吗？

A. 没有帮助　　B. 帮助不大　　C. 一般　　D. 帮助较大

E. 帮助很大

（二）对居民生活状况影响方面

1. 当前农业发展方式下，对当地农民环保意识的提高有帮助吗？

A. 没有帮助　　B. 帮助不大　　C. 一般　　D. 帮助较大

E. 帮助很大

2. 当前农业发展方式，对农民村庄村舍环境改善有帮助吗？

A. 没有帮助　　B. 帮助不大　　C. 一般　　D. 帮助较大

E. 帮助很大

3. 当前农业发展方式下，对农民生活废弃物的合理处置有帮助吗？

A. 没有帮助　　B. 帮助不大　　C. 一般　　D. 帮助较大

E. 帮助很大

4. 当前农业发展方式下，对缓解林木乱采滥伐有帮助吗？

A. 几乎没下降　　B. 下降不明显　　C. 一般　　D. 比较明显

E. 非常明显

5. 当前农业发展方式下，对农民生活用能的节约有帮助吗？

A. 没有帮助　　B. 帮助不大　　C. 一般　　D. 帮助较大

E. 帮助很大

6. 当前农业发展方式下，对农民采用环保型建筑方式有帮助吗？

A. 没有帮助　　B. 帮助不大　　C. 一般　　D. 帮助较大

E. 帮助很大

7. 当前农业发展方式下，对农民选择低碳环保型出行方式有帮助吗？

A. 没有帮助　　B. 帮助不大　　C. 一般　　D. 帮助较大

E. 帮助很大

8. 当前农业发展方式下，对农民选择低碳环保型娱乐方式（如社区健身、棋牌室、农村阅读室）有帮助吗？

A. 没有帮助　　B. 帮助不大　　C. 一般　　D. 帮助较大

E. 帮助很大

9. 当前农业发展状况下，您所在的村庄呼吸道或肠胃性疾病的发生率降低明显吗？

A. 非常不明显　　B. 不太明显　　C. 一般　　D. 比较明显

E. 非常明显

10. 当前农业发展状况下，您所在的村庄疑难杂症疾病的发生率降低明显吗？

A. 非常不明显　B. 不太明显　C. 一般　D. 比较明显

E. 非常明显

（三）对自然生态环境影响方面

1. 当前农业发展方式，对当地土壤肥力改善有帮助吗？

A. 没有帮助　B. 帮助不大　C. 一般　D. 帮助较大

E. 帮助很大

2. 当前农业生产方式，对当地水土保持改善有帮助吗？

A. 没有帮助　B. 帮助不大　C. 一般　D. 帮助较大

E. 帮助很大

3. 当前农业发展方式，对当地气候改善有帮助吗？

A. 没有帮助　B. 帮助不大　C. 一般　D. 帮助较大

E. 帮助很大

4. 当前农业发展方式，对当地空气质量改善有帮助吗？

A. 没有帮助　B. 帮助不大　C. 一般　D. 帮助较大

E. 帮助很大

5. 当前农业发展方式，对当地河流及水文资源质量（如降低酸碱度）改善有帮助吗？

A. 没有帮助　B. 帮助不大　C. 一般　D. 帮助较大

E. 帮助很大

6. 当前农业发展方式，对当地地下水资源质量（污染，生产生活适应性）改善有帮助吗？

A. 没有帮助　B. 帮助不大　C. 一般　D. 帮助较大

E. 帮助很大

7. 当前农业发展方式下，对丰富当地农业生物种群有帮助吗？

A. 没有帮助　　B. 帮助不大　　C. 一般　　D. 帮助较大

E. 帮助很大

8. 当前农业发展方式下，对林木或植被资源环境改善有帮助吗？

A. 没有帮助　　B. 帮助不大　　C. 一般　　D. 帮助较大

E. 帮助很大

9. 当前农业发展方式下，对渔业资源环境改善有帮助吗？

A. 没有帮助　　B. 帮助不大　　C. 一般　　D. 帮助较大

E. 帮助很大

参考文献

[1] 庇古．福利经济学 [M]．北京：华夏出版社，2007.

[2] 阿马蒂亚·森．伦理学与经济学 [M]．北京：商务印书馆，2006.

[3] 王丽．我国两税合并的社会经济福利效应分析 [J]．财经研究，2008 (3)：18－19.

[4] 唐华．经济福利、弹性与政府政策 [J]．南京财经大学学报，2003 (1)：30－33.

[5] Brown W. Trade deals a blow to the environment [J]. New Scientist, 1990 (10): 20－28.

[6] Werner A, Brian R. Is free trade good for the environment? [Z]. NBER Working Paper, 1998, No. 6707.

[7] 俞升．东西部地区吸引外资的竞争对地区福利效应的影响 [J]．开发研究，2006.

[8] 丁辉侠，冯宗宪．服务业 FDI 自由化与我国经济福利关系实证分析 [J]．亚太经济，2008 (2)：88－89.

[9] 阚大学．外商直接投资、对外贸易与福利关系的实证研究 [J]．石河子大学学报（哲学社会科学版），2010 (4)：56－57.

[10] Burgess D. F. Is trade liberalization in the services sector in the nationalinterest? [Z]. Oxford Economic Paper, 1995.

[11] 王树同．从流量到存量：中国经济高增长中的低经济福利问

题［J］．河北学刊，2005（4）：65－68.

［12］陶一桃．“消费者剩余”与社会经济福利感［J］．学术研究，2006（4）：37－41.

［13］田野，吴宗鑫，孙永广．技术创新的社会经济福利浅析［J］．技术经济与管理研究，2001（2）：42－43.

［14］左昊华．天津保税区社会经济福利水平的实证评价［J］．天津财经学院学报，2004（4）：45－49.

［15］陈珂．中国经济福利的动态及社会福利的可持续改善研究［D］．武汉理工大学，2004.

［16］吴松岭．我国对外贸易经济福利参数的计量与研究［D］．北京工业大学，2003.

［17］马雪彬，胡建光．区域金融发展、财政支出与经济福利——其于省级动态面板数据的实证检验［J］．经济经纬，2012（1）：37－41.

［18］Midgley J. Social Development：The Developmental Perspective in Social Welfare［M］. London：SAGE Publications，1995.

［19］Barber Robert L. The Social Work Dictionary［M］. Washington D. C：NASW Press，1999.

［20］方福前，吕文慧．中国城镇居民福利水平影响因素分析［J］．管理世界，2009（4）：17－26.

［21］熊跃根，中国福利体制建构与发展的社会基础［J］．经济社会体制比较，2010（5）：63－72.

［22］贺雪峰．坚持“低消费、高福利”的新农村建设方向［J］．学习月刊，2006（01）：12.

［23］郑功成．社会保障学——理念、制度、实践与思辨［M］．商务印书馆，2000.

［24］史柏年．治理：社区建设的新视野［J］．社会工作，2006（7）：4－10.

［25］钱宁．社会福利制度改革背景下中国社会工作发展的历史与

特色 [J]. 社会工作，2011 (1)：4 – 10.

[26] 林义. 文化与社会保障改革发展漫谈 [J]. 中国社会保障，2012 (3)：36 – 37.

[27] 关信平. 经济全球化、社会不平等与中国社会政策转型——兼论加入 WTO 后的新挑战 [J]. 东南学术，2002 (6)：43 – 49.

[28] 景天魁. 底线公平与社会保障的柔性调节 [J]. 社会学研究，2004 (6)：32 – 40.

[29] 杨团. 中国社会政策演进、焦点与建构 [J]. 学习与实践，2006 (11)：79 – 88.

[30] 刘继同. 由集体福利到市场福利——转型时期中国农民福利政策模式研究 [J]. 中国农村观察，2002 (5)：36 – 44.

[31] 徐道稳. 农村社会福利的制度转型和政策选择 [J]. 广东社会科学，2006 (4)：185 – 190.

[32] 李锐，朱喜. 农户金融抑制及其福利损失的计量分析 [J]. 经济研究，2007 (2)：146 – 155.

[33] 许光. 社会排斥下的城市新贫困群体福利改善研究 [J]. 中共浙江省委党校学报，2009 (1)：65 – 70.

[34] Robert A. Cummins. Personal Income and Subjective Well-being: A Review [J]. Journal of Happiness Studies, 2000 (2): 133 – 158.

[35] Carol Graham. The Economics of Happiness. Forthcoming in Steven Durlauf and Larry Blume, eds [M]. The New Palgrave Dictionary of Economics, 2007.

[36] 黄有光. 金钱能买快乐吗? [M]. 四川人民出版社，2002.

[37] 朱建芳，杨晓兰. 中国转型期收入与幸福的实证研究 [J]. 统计研究，2009 (4)：7 – 12.

[38] Robert J. Barro. Inequality and Growth in a panel of countries [J]. Journal of Economic Growth, 2000 (5): 5 – 32.

[39] 陆铭，陈钊，万光华. 因患寡，而患不均——中国的收入差

距、投资、教育和增长的相互影响［J］. 经济研究，2005（12）：4－14.

［40］Jie Zhang. Long Run Effects of Unfunded Social Security with Earnings Dependent Benefits［J］. Journal of Economic Dynamics and Control, 2003（3）：617－641.

［41］林治芬. 中国社会保障的地区差异及其转移支付［J］. 财经研究，2002（5）：37－43.

［42］庄子银，邹薇. 公共支出能否促进经济增长：中国的经验分析［J］. 管理世界，2003（7）：4－12.

［43］诸大建，徐萍. 中国政府规模、经济增长与福利［J］. 同济大学学报，2010（4）：107－114.

［44］刘继同. 社会福利：中国社会的建构福利制度创新路向［J］. 哈尔滨工业大学学报，2003（5）：1－8.

［45］宋十云. 新中国社会福利制度发展的历史考察［J］. 中国经济史研究，2009（3）：56－65.

［46］杨开忠. 谁的生态最文明——中国各省区市生态文明大排名［J］. 中国经济周刊，2009（32）：8－12.

［47］樊雅莉. 生态福利的引入与社会化——一个社会政策的研究视角［J］. 河北学刊，2009. 29（6）：132－135.

［48］张军. 生态福利观念的兴起与医疗保障模式的转型［J］. 生态福利，2009（1）：90－92＋116.

［49］张云飞. 试论社会建设的生态方向［J］. 北京行政学院学报，2010（4）：46－49.

［50］武扬帆. 社会工作视角下的生态福利社会化［J］. 社会工作，2012（2）：51－55.

［51］Andrew Sharpe. A Survey of Indicators of Economic and Social Well-being［EB/OL］. http://www. csls1ca/res_reports. asp, 1999（1）.

［52］Nick Donovan et al. Life Satisfaction：The State of Knowledge and

Implications for Government [EB/OL]. United Kingdom Treasury Paper, 2002 (1).

[53] Stefan Bergheim. Measure of Well-being: There is More to It than GDP [J]. http://www.dbresearch.com, 2006 (1).

[54] 阿马蒂亚·森. 伦理学与经济学 [M]. 北京: 商务印书馆, 2006.

[55] A C Pigou. The Economics of Welfare [M]. London: Macmillan, 1929.

[56] William Nordhaus, James Tobin. Is Growth Obsolete? [A]. Economic Growth [C] New York: Columbia University Press, 1972 (1).

[57] Lars Osberg, Andrew Sharpe. An Index of Economic Well-being for Canada [EB/OL]. http://www.csls.ca, 1998 (1).

[58] 杨晓荣. 分阶段灵活运用多指标衡量经济福利——从 GNH 与 GDP 的关系出发浅谈经济福利指标的选用 [J]. 时代金融, 2012 (6): 76.

[59] 戴建兵. 构建与我国中等收入水平相适应的适度普惠型社会福利制度 [J]. 华东经济管理, 2012 (8): 48-51.

[60] 逯进, 陈阳, 郭志仪. 社会福利、经济增长与区域发展差异——基于中国省域数据的耦合实证分析 [J]. 中国人口科学, 2012 (3): 31-43.

[61] 马传栋等. 可持续城市经济发展论 [M]. 北京: 中国环境科学出版社, 2002.

[62] 曲格平. 发展循环经济是21世纪的大趋势 [J]. 中国环保产业, 2001 (7): 6-7.

[63] 诸大建. 可持续发展呼唤循环经济 [J]. 科技导报, 1998 (9): 39-42.

[64] Boulding K E. The economics of the coming spaceship earth [A]. Jalttt H. Environmental quality in a growing economy [C]. Baltimore: RFF/

John Hopkins Press, 1966: 3 - 14.

［65］国家环保总局科技标准司．循环经济和生态工业规划汇编［M］．北京：化学工业出版社，2004.

［66］吴玉萍．循环经济若干理论问题［J］．中国发展观察，2005（6）：30 - 32.

［67］任勇．中外循环经济的比较［N］．中国环境报，2004 - 7 - 2.

［68］奚旦立．清洁生产与循环经济［M］．北京：化学工业出版社，2003，224 - 237.

［69］沈耀良．循环经济——原理及其发展战略［A］．见：毛如柏，冯之浚．论循环经济［M］．北京：经济科学出版社，2003.

［70］黄有光，周建明等译．福利经济学［M］．北京：中国友谊出版公司，1991.

［71］哈维，罗森，马欣仁，陈茜译．财政学［M］．北京：中国财政经济出版社，1992.

［72］李特尔著，陈彪译．福利经济学评述［M］．北京：商务印书馆，1966：304.

［73］孙月平，等．应用福利经济学［M］．北京：经济管理出版社，2004.

［74］王秀峰．农业的多功能性及价值［J］．专论：组织、制度与农村发展，2007（7）：271 - 278.

［75］欧阳志云，王如松，赵景柱．生态系统服务功能及其生态经济价值评价［J］．应用生态学报，1999，10（5）：635 - 640.

［76］章家恩，饶卫民．农业生态系统的服务功能与可持续利用对策探讨［J］．生态学杂志，2004，23（4）：99 - 102.

［77］吴东雷，陈声明等．农业生态环境保护［M］．化学工业出版社，2007.

［78］国家统计局．2006年国民经济和社会发展统计公报［EB/OL］．新华网 http://news. xinhuanet. com/fortune/2007 - 02/28/content_5785424_

12. htm.

[79] 孙建，孔卓．我国林业实施“走出去”战略势在必行［EB/OL］. http://www. eximbank. gov. cn/hwtz/2006/1_06. doc.

[80] 王晓宇．生态农业建设与水资源可持续利用［M］. 北京：中国水利水电出版社，2008.

[81] 刘彦．转型期农业生态安全问题研究［D］. 东北林业大学博士学位论文，2007：58.

[82] 纪江玮．菜篮子里漏下的公害［EB/OL］. http://www. lunwentianxia. com/product. free. 10014164. 1/.

[83] 关于我国生物多样性现状及保护［EB/OL］. http://hiray. bokee. com/4170975. html.

[84] 邹声文．我国生物多样性遭遇挑战［EB/OL］. 生物谷网．http://www. bioon. com/popular/library/200406/40789. html.

[85] 陈雷．中国的水土保持［J］. 中国水土保持，2002a（4）：4－6.

[86] 中国荒漠化和沙化土地［EB/OL］. 数字中国网，http://www. china001. com/show_hdr. php? xname = PPDDMV0&dname = 0ESSK41&xpos = 22.

[87] 易凌．中国荒漠化和沙化土地面积建国以来首次缩小［J］. 草业科学，2005，22（7）：115.

[88] 冯砚青．中国酸雨状况和自然成因综述及防治对策探究［J］. 云南地理环境研究，2004，16（1）：25－26.

[89] 世界环境与发展委员会．我们共同的未来［M］. 长春：吉林人民出版社，1997.

[90] 刘思华．可持续发展经济学［M］. 武汉：湖北人民出版社，1997.

[91] 叶文虎．联合国可持续发展指标体系述评［J］. 中国人口·资源与环境，1997，7（3）：83－87.

[92] 中国科学院可持续发展战略研究组．1999 中国可持续发展战

略报告［M］. 北京：科学出版社，1999.

［93］ Daly H E, Cobb J B ed. For the Common Good: Redirecting the Economy toward Community, the Environment and a Sustainable Future ［M］. Boston: Beacon Press, 1989.

［94］ Clifford Cobb, Ted Halstead, Jonathan Rowe. If the GDP is Up, Why is America Down? ［J］. The Atlantic Monthly. Oct. 1995.

［95］ United Nations Development Program. Human development report 1990 ［M］. New York: Oxford University Press, 1990.

［96］ 阿玛蒂亚·森. 论经济不平等——不平等之再考察［M］. 北京：社会科学文献出版社，2006.

［97］ Rees W E. Ecological footprints and appropriated carrying capacity: what urban economics leaves out ［J］. Environ Urban, 1992, 4 (02): 121－130.

［98］ The Global Leaders of Tomorrow Environment Task Force. 2002 Environmental Sustainability Index ［R］. World Economic Forum Annual Meeting 2002: Davos, Switzerland, Jan. 2002.

［99］ 韩雪梅，马振民，王惠. 青岛市可持续发展评价［J］. 济南大学学报（自然科学版），2011，25（3）：274－277.

［100］ 李瑞. 唐山市可持续发展水平研究［D］. 河北：河北师范大学，2008.

［101］ 汉斯·范登·德尔，本·范·韦尔瑟芬. 民主与福利经济学［M］. 北京：中国社会科学出版社，1999.

［102］ 刘继同. 生态运动与绿色主义福利思想：生态健康科学与新型公共卫生框架［J］. 北京科技大学学报（社会科学版），2005，21（3）：66－70.

［103］ 诸大建，孟维华，徐萍. 1980～2005年中国经济增长对福利的贡献［A］. 第三届（2008）中国管理学年会论文集［C］. 625－636.

［104］ 赵志强，叶蜀君. 东中西部地区差距的人类发展指数估计

[J]. 华东经济管理, 2005, 19 (12): 22 – 25.

[105] Wackernagel. Our Ecological Footprint Reducing Human Impact on the earth [M]. Gabriola Island: New Society Publishers, 1996.

[106] Max – Neef M. Economic growth and quality of life: A threshold hypoth-esis [J]. Ecological Economics, Vol. 15, No. 2, 1995: 115 – 118.

[107] 诸大建, 徐萍. 福利提高的三个"门槛"及政策意义 [J]. 社会科学, 2010 (03): 32 – 41.

[108] 诸大建. 生态文明: 需要深入勘探的学术疆域 [J]. 探索与争鸣, 2008 (6): 5 – 11.

[109] Niccolucci V, F M Pulselli et al. Strengthening the thresh old hy-pothesis: Economic and biophysical limits to growth, Ecological Economics, Vol. 60, 2007: 667 – 672.

[110] 王伟, 韦苇. 动态生态足迹的测度与分析——陕西省可持续发展研究 [J]. 重庆工商大学学报 (西部论坛), 2007, 17 (4): 52 – 56.

[111] 欧阳志云, 王效科, 苗鸿. 中国陆地生态系统服务功能及其生态经济价值的初步研究 [J]. 生态学报, 1999, 19 (5): 607 – 613.

[112] 王秀峰. 喀斯特地区农业可持续发展理论及其应用研究 [M]. 北京: 现代教育出版社, 2008.

[113] 董光荣等. 青海共和盆地土地沙漠化与防治途径 [M]. 北京: 科学出版社, 1993.

[114] 张艳玲. 2008 年中国耕地面积净减 29 万亩 [EB/OL]. 财经网, http://www. caijing. com. cn/2009 – 02 – 26/110074706. html.

[115] 彭坷珊. 主要地质灾害对我国城市发展的危害及整治对策 [J]. 科学新闻周刊, 2002 (8): 34 – 35.

[116] 郑义. 中国生态崩溃紧急报告. [EB/OL]. 全球绿色资助基金会网, http://www. greengrants. org. cn/poster/show. php? id = 211.

[117] 中国水资源现状 [EB/OL]. 建设网, http://www. buildnet. cn/

Html/News/2008/03/5422. shtml.

[118] 郑有贵. 农业功能拓展：历史变迁与未来趋势 [J]. 古今农业，2006 (4)：35 -39.

[119] 陈文胜，王文强. 农村生活垃圾环境污染问题与对策 [EB/OL]. 慧聪环保网理论 http://www. goepe. com/exhibition/zh _ news. php? id = 35977 &num =1.

[120] 龚益. 环境信息公开化的政府形象 [EB/OL]. 中国社会科学院数量经济与技术经济所网站，http://iqte. cass. cn/iqteweb_old/hjzx/lt01057. htm.

[121] 李立国. 2006 年我国遭遇 9 年来最严重自然灾害 [EB/OL]. 新华网，http://news. xinhuanet. com/fortune/2007 - 02/27/content _ 5780641. htm.

[122] 近年自然灾害频繁发生农业保险为何无大作为? [EB/OL]. 中国村庄网，http://www. chinavillage. cn/articleshow. asp? articleid =999.

[123] 萧美娟，林国才，庄玉惜. NGO 市场营销、筹募与问责理论与操作 [M]. 北京：社会科学文献出版社，2005.

[124] 民政部社会工作司. 国外及港台地区社会工作发展报告 [M]. 北京：中国社会出版社，2010.

[125] 王思斌. 社会工作概论 (第二版) [M]. 北京：高等教育出版社，2009.

[126] 马传栋等. 可持续城市经济发展论 [M]. 北京：中国环境科学出版社，2002.

[127] 范志海，阎更法. 社会工作行政 [M]. 上海：华东理工大学出版社，2006.

[128] 周生贤. 走和谐发展的生态文明之路 [J]. 中国经济周刊，2008 (1)：4 -7.

[129] 王雨辰. 论生态学马克思主义的生态自然观和生态价值观 [J]. 鄱阳湖学刊，2009 (2)：82 -90.

[130] 张云飞. 试论社会建设的生态方向 [J]. 北京行政学院学报, 2010 (4): 46-49.

[131] 夏学銮. 论社会工作的内涵与外延 [J]. 萍乡高等专科学校学报, 2000 (2): 1-5.

[132] 范燕宁. 社会工作专业的历史发展与基础价值理念 [J]. 首都师范大学学报 (社会科学版), 2004 (1): 94-100.

[133] 孙莹. 社会工作者在我国城市反贫困中的使命和角色 [J]. 华东理工大学学报 (社会科学版), 2005 (1): 29-34.

[134] 武扬帆. 社会工作在台湾 [J]. 政工研究动态, 2008 (8): 17-18.

[135] 青秋蓉, 杨发坤. 社会工作视野下的高职学生心理健康教育 [J]. 教育与教学研究, 2009 (8): 13-14.

[136] 刘巽浩. 论中国农业现代化与持续化 [J]. 农业现代化研究, 1998 (19), 5: 272-276.

[137] 李文华. 生态农业——中国可持续农业的理论与实践 [M]. 北京: 化学工业出版社, 2003.

[138] 程序, 曾晓光, 王尔大. 可持续农业导论 [M]. 北京: 中国农业出版社, 1997.

[139] 林祥全. 世界生态农业的发展趋势 [J]. 中国农村经济, 2003 (7): 76-79.

[140] 李宏伟. 美国有机农业发展态势 [J]. 科技经济透视, 2003 (2): 45-47.

[141] 冒乃和, 刘波. 德国有机农业发展面临的问题与对策 [J]. 世界农业, 2002 (10): 26-28.

[142] 俞东平, 杜相革, 陈永民等. 有机农业发展概况 [J]. 世界农业, 2002 (4): 15-18.

[143] 梁志超. 国外绿色食品发展的历程、现状及趋势 [J]. 世界农业, 2002 (1): 10-12.

[144] 文凡. 世界生态农业的发展趋势 [A]. 中国特产报, 2004-04-05: (2).

[145] 中国农业科技信息网. 世界有机农业发展现状与趋势 [J]. 长江蔬菜, 2003 (4): 57.

[146] 农业部无公害农产品生产和管理考察团. 加拿大的有机农业 [J]. 世界农业, 2002 (10): 24-25.

[147] 王继军, 谢永生, 卢宗凡等. 退耕还林还草下生态农业发展模式初探 [J]. 水土保持学报, 2004, 18 (1): 134-137.

[148] 周小萍, 陈百明, 卢燕霞等. 中国几种生态农业产业化模式及其实施途径探讨 [J]. 农业工程学报, 2004, 20 (3): 298-300.

[149] 李崇霄. 日本大分县的环境保全型农业 [J]. 世界农业, 2002 (2): 32-33.

后　　记

著作完成之际，心想一路走来也颇有收获。学术科研并无捷径，需要苦中作乐探寻真理；学无止境，学且珍惜。著作完成过程中找到了自己的兴趣点和研究方向，形成了一系列优秀科研成果在《经济地理》《社会科学家》等期刊报表。

本书完成首先感谢华中农业大学，能够在华中农业大学这样优美且充满学术气息的校园环境再度学习，积累了知识、增长了智慧，向自己的理想迈出了坚实的步伐。衷心感谢恩师冯中朝教授，冯教授爽朗的笑声、朴实的为人、严谨的治学态度在我心里留下了深刻的印象。在冯老师悉心的关怀与指导下，我进行了较为系统的农林经济理论基础及专业知识的学习，同时在冯老师课题项目的支撑下积累了丰富的实践经验，为本书科研工作的顺利展开及科研成果的取得奠定了坚实的基础，冯老师具有的独特人格魅力、踏实的工作作风、严谨的治学态度及深厚的学术造诣，时刻影响着我，指引我在科研工作、学习态度以及人格魅力塑造上朝着正确的道路发展。衷心感谢冯教授的支持！

感谢华中农业大学经济管理学院院长青平教授、中南财经政法大学工商管理学院院长陈池波教授、湖北社科院农村经济研究所所长邹进泰研究员、华中农业大学经济管理学院陶建平教授、华中农业大学经济管理学院刘颖教授、华中农业大学经济管理学院郑炎成教授、华中农业大学经济管理学院朱再青教授为本书研究提出的宝贵意见和建议。本书还得到了诸多经管学院老师的关怀和教导。感谢雷海章教授、易法海教授、李崇光教授、王雅鹏教授、祁春节教授及众多专业老师的关心与指导。

感谢陕西师范大学经济管理学院李鹏博士等为本书的修改与完善提出的宝贵意见。真诚感谢湖北工业大学经济与管理学院的王宇波教授、廖良美教授、丁玉梅副教授、王利军副教授与李平副教授长期以来对我工作和生活上的支持与关心，你们的无私付出使我的专著更加出彩。同时，特别感谢湖北循环经济发展研究中心对本书出版的大力资助，感谢PI团队的鼓励与帮助，感谢同窗好友们，感谢家人们对我的支持与鼓励。在我漫漫求学路中得到无数的亲友、师长与同窗的帮助，虽无法一一道出你们的名字，但对你们的感谢与祝福时刻铭刻在我的心里！

刘应元

2017年12月